BEI GRIN MACHT SICH IHR WISSEN BEZAHLT

- Wir veröffentlichen Ihre Hausarbeit,
  Bachelor- und Masterarbeit

- Ihr eigenes eBook und Buch -
  weltweit in allen wichtigen Shops

- Verdienen Sie an jedem Verkauf

Jetzt bei www.GRIN.com hochladen
und kostenlos publizieren

Bibliografische Information der Deutschen Nationalbibliothek:

Die Deutsche Bibliothek verzeichnet diese Publikation in der Deutschen National-
bibliografie; detaillierte bibliografische Daten sind im Internet über http://dnb.d-
nb.de/ abrufbar.

Impressum:

Copyright © 2015 GRIN Verlag, Open Publishing GmbH
Druck und Bindung: Books on Demand GmbH, Norderstedt Germany
ISBN: 978-3-668-02182-2

Dieses Buch bei GRIN:

http://www.grin.com/de/e-book/303778/evolutionaere-algorithmen-finden-trag-
fluegelprofile-fuer-transversalantriebe

Michael Dienst

Evolutionäre Algorithmen finden Tragflügelprofile für Transversalantriebe von Seefahrzeugen

GRIN Verlag

EVOLUTIONÄRE ALGORITHMEN FINDEN TRAGFLÜGELPROFILE
FÜR TRANSVERSALANTRIEBE VON SEEFAHRZEUGEN

Ein Beitrag der BIONIC RESEARCH UNIT der Beuth Hochschule Berlin
Michael Dienst {midienst@beuth-hochschule.de}
Berlin, im Juli 2015

Evolutionäre Algorithmen benutzen das essentielle Vokabular der biologischen Evolution. Der Aufsatz behandelt die Anwendung eines Algorithmus zur Lokalen Suche auf einem synthetischen Qualitätsgelände. Das Grundschema einfachster Suchalgorithmen wird am Beispiel einer Evolutionsstrategie geklärt. Anwendung findet der Algorithmus bei der numerisch unterstützten Profilauswahl für eine fluidmechanisch wirksame Arbeitstragfläche eines muskelkraftgetriebenen Transversalantriebs, dem asiatischen „Yuloh".

1.   Biologische und artifizielle Optimierung

Das biologische Leben auf unserem Planeten entstand in einer unermesslichen Vielfalt an Form, Gestalt und Funktion. Die Entwicklung der Lebewesen, ihre Anpassung an eine sich wandelnde Umgebung und letztlich die gegenseitige Wechselwirkung des „Außen" auf das „Innen" der Organismen, erfolgte und erfolgt in einem komplexen Zusammenspiel zeitlich und örtlich verschachtelter Entstehungs- und Entwicklungsprozesse. Evolution, Individualentwicklung und das Agieren der Wesen in komplizierten Umgebungen spannen ein hochdimensionales, auf verschiedenen Prozessebenen ineinander verschränktes Szenario auf. Die Resultate der natürlichen Evolution, die Gepasstheit (fitness) biologischer Wesen und ihre bis an die Grenzen des physikalisch Möglichen optimierten Formen und Funktionen, sind das Motiv vieler Ingenieurwissenschaftler, die Mechanismen der biologischen Entwicklung als eine Methode zu verstehen, die auch zur Konditionierung künstlicher Systeme taugt.

Die Bionik untersucht die Mechanismen und Gesetzmäßigkeiten der biologischen Evolution mit dem Ziel, die analytische Beschreibung der evolutionsbiologischen Phänomene und ihre prozessualen Zusammenhänge für physikalische Modellbildungen verfügbar zu machen und zukünftige Technik in einer komplexer werdenden Welt ökologisch verträglich und ergänzend zu formulieren.
Evolution ist, auf einer abstrakten Ebene betrachtet, die Entwicklung der unbelebten und belebten Natur aus ihren innewohnenden Gesetzmäßigkeiten heraus. Als semantisches Grundschema der Evolution ist ein diskretes Repertoire Vokabular erkennbar. In diesem Sinne darf die biologische Evolution als eine Strategie verstanden werden, die im Laufe von Milliarden Jahren nicht nur die Form, Gestalt und Funktionen rezenter Lebewesen hervorgebracht, sondern auch sich selbst immer weiter optimiert hat.

Die Frage, welche der uns bekannten Mechanismen sowohl der biologischen Evolution als auch der und Individualentwicklung der Lebewesen zur Formulierung von Optimierungsstrategien für Artefakte (Objekte und Prozesse) beschrieben, genutzt und eingesetzt werden können, ist Gegenstand aktueller ingenieurwissenschaftlicher Diskussionen.

Evolutionsstrategien (ES) und Genetische Algorithmen (GA), die bekanntesten Strategieansätze unter den Evolutionären Algorithmen (EA), arbeiten mit dem essentiellen Vokabular der biologischen Evolution. Strategieentwickler greifen auch Modellvorstellungen der genetischen Rekombination, der Populationsdynamik und andere Analogien zur biologischen Evolution auf [Rec-94][Sche-85][Schw-95].

Tabelle1		$(1,\lambda)$ EVOLUTIONSSTRATEGIE		
	PROZESS		**PARAMETER**	**GENERATION**
1		bester Nachkomme	Vb	$G-1$
2	Reproduktion	ein Elter	Ve	G
3	Variation	m Nachkommen	Vm = VAR (Ve)	G
4	Evaluation		Q(vm) = max	G
5	Elektion	bester Nachkomme	Vb	G

Evolutionäre Algorithmen wenden das biologische Evolutionsschema auf mathematisch modellierbare Optimierungsaufgaben an. In einem einfachsten Szenario werden zunächst Kopien eines artifiziellen Startsystems erstellt (Mutation). Zufällige Modifizierungen führen auf eine Schar von Varianten des Elter-Systems (Variation). MUTANTEN und ELTER bilden ein gemeinsames Selektionsensemble. In jeder Generation werden alle Variationen des aktuellen ELTER mittels einer Zielfunktion bewertet und die QUALITÄT aller Systeme ermittelt. Aus der Schar bewerteter Systeme wird ein neuer, aktueller ELTER für die folgende Generation erwählt: ELEKTION. Mit der VARIATION dieses Elter-Systems setzt sich die Kampagne fort. Auf diese Weise steigt die Qualität des Ensembles von GENERATION zu Generation, bzw. fällt nicht hinter die des aktuellen ELTER zurück. Evolutionäre Algorithmen, als lokale Suchverfahren für komplexe, hochdimensionale Qualitätenräume, untersuchen den Phänotyp eines Zielsystems und somit das „äußere Evolutionsgeschehen" [Kah91]. Der Code Evolutionärer Algorithmen ist sehr kompakt. Mit dem Grad der Nachahmung der biologischen Evolution nimmt die Güte der Optimierungsleistung der Algorithmen zu [Kos-03] [Her-00] [Her-05].

Aktuelle Bemühungen der Weiterentwicklung von Optimierungsumgebungen für komplexe Aufgabenstellungen zielen auf die Kartierung des bereits in vorangegangenen Iterationsschritten untersuchten Qualitätsgeländes mit so genannten Sobol-Sequenze-Strategien [Curb01]. Das Arbeitsergebnis einer derartigen Kampagne ist ein komplexes Kennfeld der Qualitätenlandschaft, die in der Regel hochdimensional ist.

Insbesondere in der Fluidmechanik werden zunehmend robuste und universal einsetzbare Algorithmen zur Integration in komplexe Systementwicklungsumgebungen nachgefragt. Im Engineering sind dies heute die Strukturanalyse mit der Methode der Finiten Elemente (FEM) und die computerunterstützte Strömungs-simulation (computational fluid dynamics, CFD) [Abt-03][Har-07][Bre-09][Kre-08]. Abhängig von speziellen Rand-, Neben und Anfangsbedingungen, lassen sich schlecht strukturierte Probleme in wohllösbare Optimierungsaufgaben verwandeln. In der Praxis hat sich hier die so genannte „lokale Suche" als ein leistungsstarkes Instrument etabliert. Als „lokal" werden Suchalgorithmen dann bezeichnet, wenn die von einer komplexen Qualitätsfunktion aufgespannte Topologie in einem begrenzten Gebiet um den aktuellen Arbeitspunkt herum untersucht wird. Lokale Suchalgorithmen sind robust, benötigen geringen strukturellen Aufwand und arbeiten schnell. Ihr Einsatzgebiet ist das hochdimensionale Qualitätsgelände nicht geschlossen beschreibbarer Funktionen. Der auf Iterationen basierende Kernmechanismus eines lokalen Suchalgorithmus ist die Ähnlichkeitsvariation der Objektvariablen V einer beliebigen Qualitätsfunktion. Die Variation ΔV_g der Objektvariablen V ist komplementär zu ihrer Variablenvergangenheit V_g .

$$V_{g+1} = V_g + \Delta V_g$$

Die Lokale Suche nutzt Eigenschaften einer (fluktuativen) Entwicklung des Systems hinsichtlich seiner Zustandseigenschaften über die Zeit. In fortschreitenden diskreten Intervallen (n) erhalten wir eine über das Qualitätsgelände der gestellten Optimierungs-aufgabe verlaufende Spur der Systemzustände, beschrieben durch den Vektor V der Objektvariablen in einer Ahnenfolge (V_{g+1}, V_{g+2}, V_{g+3},....usw.). Zu den leistungsfähigsten lokal arbeitenden Optimierungsstrategien gehören heute die Evolutionären Algorithmen: Genetische Algorithmen (GA) und Evolutionsstrategie (ES). Bei der Evolutionsstrategie wird die Ähnlichkeitsvariation ΔV_g durch den mit der Variationsschrittweite δ_g dotierten Zufallszahlenvektor Z bestimmt:

$$V_{m,\,g+1} = V_{m,\,n} + (\, \delta_{m,\,g} \; Z_{m,\,g})$$

Zufällige Modifizierungen führen auf eine Schar von m Variationen $\Delta V_{m,g}$ des Elter-Systems (Mutation). In jeder Generation n werden alle Variationen des aktuellen Elter (in bestimmten Strategien einschließlich dem Elter, siehe [Rec-94]) mittels einer Zielfunktion einer Bewertung unterzogen, die Qualität aller Systeme wird berechnet oder gemessen (Evaluation). MUTANTEN und ELTER, respektive ihre Qualitäten, bilden somit ein gemeinsames Selektionsensemble.

Der Variation kommt bei evolutionären Algorithmen eine besondere Bedeutung zu. In unserem Szenario sollen normalverteilt zufällige Variationen den Objektvariablen- Vektor des Nachkommen von dem des ELTER unterscheiden. Neben den Merkmalen des als ELTER der nächsten Generation bestellten Nachkommen wird ein Strategieparameter vererbt: die Variations-Schrittweite δ. Sie ist in einfachen Evolutionsstrategien ein Skalar δ_g (globale Schrittweite) oder den Komponenten des Objektvariablen- Vektors $V_{m,g}$ zugeordnet $\delta_{m,g}$ (individuelle Schrittweite). Ein einfachster evolutionärer Algorithmus besteht wenigstens aus den formalen Elementen:

ein	Elter	... generiert ...
m	Variationen ΔV	... mit einer globalen oder ...
δ, δ	individuellen Variationsschrittweite	... und m
Z	normalverteilten Zufallszahlen	... über
g	Generationen	

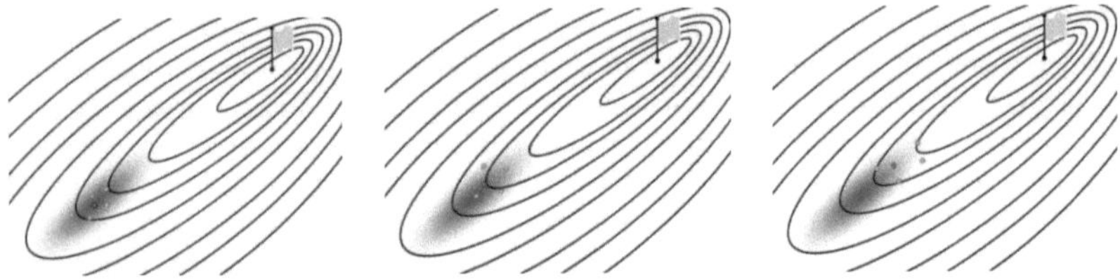

Abb.01:
Fortschreiten der artifiziellen Evolution auf einem „zweidimensionalem" Qualitätengelände

Die Entwicklung evolutionärer Algorithmen wird heute aus unterschiedlichen Gründen vorangetrieben. In der Industrie bilden sie oftmals den prozessualen Kern einer Entwicklungsumgebung für komplexe industrielle Produkte. Manchmal dienen evolutionäre Algorithmen der Forschung, indem sie Untersuchungskampagnen beschleunigen, oder gar erst ermöglichen. Immer jedoch sind sie nützlich, Erkenntnisbrücken zu schlagen: Von einem schlecht strukturiertem Problem, hin zu einer lösbaren Aufgabe. Mit evolutionären Algorithmen gelingt es beispielsweise in der hier beschriebenen Aufgabe, die unsichere Wissenslage über Gestalt und strömungsmechanische Funktionsweisen eines Sammlungsobjekts nach und nach durch Berechnungsergebnisse aus physikalischen Modellen zu verbessern.

2.   Industrielle Produktentwicklung

In einem günstigen Fall initiieren Funktions- und Gestalthypothesen Untersuchungen der Gestalt, der Betriebs- und Handhabungsweise eines marinehistorischen Artefakts, aufgefunden in einer Museumssammlung. Evolutive Algorithmen können Teil einer Methodik sein, die dem „Transfer maritimer Technik aus Sammlungen in Zukunftstechnik für Seefahrzeuge" dient. So die Hoffnungen und so die Erwartungen. Weil davon ausgegangen werden muss, dass selbst ein aufgeweckter Mitteleuropäer mit dem Begriff „Yuloh" wenig anzufangen weiß, darf es in Kapitel 4 ein wenig Hintergrundinformation hierzu geben. Da unsere Betrachtungen auf konkrete Produkte zielen, führt das Kapitel 2 zunächst kurz in die Grundfragen der industriellen Produktentwicklung ein. Die Komponenten einer Gestalthypothese, wie sie auf der Basis archäologischer Informationen von Sammlungsobjekten hergeleitet werden kann, behandelt Kapitel 3. Am konkreten Beispiel der Variation eines potentiellen Yuloh-Profils wird dann das Arbeitsergebnis einer lokalen Suche mit Evolutionären Algorithmen angeführt.

Produktentwicklungsmethoden[1] betreffen Fragestellungen, mit denen die Informationen erarbeitet werden, die für das Konzept, den Entwurf und die Nutzung eines Produkts notwendig sind [PaBe-93]. Strategien, Methoden und Verfahren für die Entwicklung industrielle Produkte unter-scheiden sich nach Branchen, Art und Typ der Produkte, weisen aber gemeinsame Grundstrukturen auf. Ein übergeordneter Strategieparameter ist dabei die

---

[1] Kapitel 2 ist verkürzt aber sinngemäß übernommen aus der vorangegangenen Veröffentlichung des Autors: Computergestützte Vorgehensweisen der Übertragung biologischer Phänomene in Technik. In: Joachim Villwock (Hrsg.) Methoden des Fortschritts. Shaker Verlag Aachen (2014), ISBN: 978-3-8440-2932-1; ISSN: 2199-515X.

„Gestaltungsabsicht (Design Intent)", die den gesamten Produktentwicklungsprozess von der Ideenfindung, über den Entwurf, die Konstruktion und die industrielle Fertigung bis hinein in die Produktbetreuung am Markt klammert. Insbesondere in der traditionellen, über Jahre und Jahrzehnte ausentwickelten, industriellen Entwicklungspraxis sind Herangehensweisen von branchenspezifischen haus- und firmentradierten Individuallösungen gekennzeichnet: Problem orientierte Vorgehensweisen. Im englischsprachigen Raum werden außerdem gerne die am Produkt orientierten Entwicklungsszenarien von den Problemorientierten, wie sie Gegenstand der einschlägigen VDI-Richtlinien sind, unterschieden [Fren-99]. Gemeinsam ist den problemorientierten und produktorientierten Entwicklungsprozessen eine Vorgehens-Grundstruktur mit den Elementen:

- o Aufgabenbeschreibung und Definition der Entwicklungsziele
- o Konzepterstellung
- o Erarbeitung von (Produkt-) Entwürfen
- o Konstruktion, im Sinne der Erstellung von Fertigungsunterlagen

und darüber hinaus:
- o Fertigung
- o Vertrieb und Produktbetreuung am Markt.

Dabei schließt der Gestaltungsprozess sowohl praktische, als auch ästhetische Aspekte ein. Der Datenfluss in Produktentwicklungsprozessen wird von hochentwickelten Computersystemen (Hard- und Software) erzeugt, geordnet und genutzt. Der Begriff „Computer Aided Engineering, CAE" fasst die Möglichkeiten der Computerunterstützung von Produktentwicklungsprozessen zusammen. In unserem Zusammenhang seien einige Elemente des CAE genannt:

- o Rechnerunterstützte Konstruktion (Computer Aided Design, CAD)
- o Cave Automatic Virtual Environment (CAVE), 3D-virtuelle Darstellung und Wechselwirkung
- o Mehrkörpersimulation (MKS)
- o Mechanische Beanspruchung von Bauteilen und Baugruppen (Finite Element Methode, FEM)
- o Strömungssimulationen (Computational Fluid Dynamics, CFD)
- o Fluid- Struktur- Wechselwirkung (Fluid Structure Interaction, FSI)
- o Ein- und Ausbauuntersuchungen, Kollisionsprüfungen (Digital Mock-Up, DMU)

Zur Erstellung physikalischer Modelle und der Simulation der Bauteilwirklichkeit sind MKS, FEM, CFD und (auf Laborebene) FSI bereits etablierte Verfahren. In der verallgemeinerten Dramaturgie der methodischen Produkterstellung liefern dann erste Studien über kinematische Beziehungen zwischen Bauteilen Entscheidungsgrundlagen bei der Erstellung von konkurrierenden Konzepten.

3.   Funktionale Würdigung von Artefakten aus Sammlungen.

Neben der Frage, wie moderne Ingenieure an altem Wissen partizipieren können, wie dieses Wissen uns gewahr wird und verfügbar, haben wir die Frage zu klären, ob es gelingen kann, die alte Technik und vielleicht sogar auch Technologien in „maritime Zukunftstauglichkeit" zu transferieren. Die nachfolgende Argumentation geht davon aus, dass eine - über den in der Archäologie übliche technische Beschreibung hinausgehende - Analyse des marinehistorischen Artefakts stattfinden kann.

In den Jahrtausenden der Entwicklung „Werkzeug machender Wesen", in den 10.000 Jahren der technischen Evolution wurden sicher unzählige äußerst effiziente und Ressourcen schonende Gestaltungslösungen und Technologien hervorgebracht. Angesichts der in den Museen aller Welt dargestellten marinehistorischen Artefakte staunen wir über die Vielfalt früher Technik, über Techniken, Bauweisen und optimierte Funktionen, wir bewundern die von einer Einfachheit getragene Eleganz und die funktionale Gestalt archaischer Technik. Die Entwicklung von Methoden zum Transfer maritimer Technik aus Sammlungen in Zukunftstechnik für Seefahrzeuge arbeitet auf dem sehr schmalen Grat der Verbindung von Geschichtswissenschaften mit den Ingenieurwissenschaften. Unsere Aufgabe soll sein, Bau und Gestaltungsprinzipien künstlicher Systeme und Artefakte früher Kulturen zu entschlüsseln, mit dem Ziel, diese auf moderne Maschinen oder Prozesse und insbesondere auf zukünftige maritime Technik zu übertragen. Die Betrachtung einzelner Ergebnisse der Analyse früher Technik legt den Schluss nahe, dass durchaus strategische Handlungsweisen existieren, die auch für eine Übertragung von „alten" Problemlösungen auf zukunftsfähige maritime Technik taugen mögen, jedoch hat, von wenigen Ausnahmefällen abgesehen, die Analyse früher Technik bisher kaum zu Produkten oder technischen Innovationen geführt.

Um zu untersuchen, wie Gebäude, Waffen, technisches Gerät ursprünglich ausgesehen hat, wie es hergestellt und wie es benutzt wurde, liefern Experimente mit maßstabsgetreuen Modellen manchmal erste Hinweise. Die experimentelle Archäologie versucht, das Wirken und Handeln, und das Agieren mit Artefakten im Alltagsleben unserer Vorfahren zu rekonstruieren. Vor dem Hintergrund der avisierten Übertragung „alten Wissens auf maritime Zukunftstechnik", fußen die Hoffnungen der Ingenieure und Designer auf der Ausentwicklung einer Methodik, die Funktionsimplikatoren, Technik- und Technologiedemonstratoren und in erster Linie computerexperimentelle Simulationen mit einbezieht, um die erstaunliche maritime Entwicklung mancher Kulturgesellschaften, insbesondere den frühen Boots- und Schiffbau zu erforschen.

Repliken und Rekonstruktionen von Wasserfahrzeugen und auch maßstabsgerechte Verkleinerungen sind ein guter erster Schritt, um Tragfähigkeit, Geschwindigkeit, Seeverhalten, Handhabung und Takelung früher Seefahrzeuge zu „erfahren". Im Blickfeld der Schiffsarchäologen stehen der Arbeitsaufwand bei der Erstellung eines Seefahrzeugs, das handwerkliche Können und die Rohstoffnutzung. Forschung auf der Grundlage der experimentellen Archäologie bedeutet anhand von Funden, schriftlicher Überlieferung und ethnologischer Beobachtungen Artefakte nachzubilden, zu fertigen und sie experimentell anzuwenden mit dem Ziel, das gegenständliche Original und die Weise seines Gebrauchs so vollständig wie möglich zu imitieren und so Brauchbarkeit und Anwendbarkeit zu untersuchen.

Ein Arbeitsergebnis einer vorangestellten systematischen, archäologischen Analyse ist die „technische Beschreibung" eines Sammlungsobjekts. Sie sollte wenigstens benennen:

o das technische Gebiet, zu dem der Artefakt gehört.
o der bekannte Stand der Technik, der für das Verständnis der Funktion des Artefakten in Betracht kommen kann.
o das der Funktion des Artefakten zugrunde liegende Problem, insbesondere dann, wenn es zum Verständnis der Funktion des Artefakten unentbehrlich ist.
o in welcher Weise der Artefakt anwendbar ist, wenn es sich aus der Art des Artefakten nicht offensichtlich ergibt.
o vorteilhafte Wirkungen der Funktion des Artefakten unter Bezugnahme auf den Stand der Technik;
o wenigstens ein Weg zum Herstellen des Artefakten.

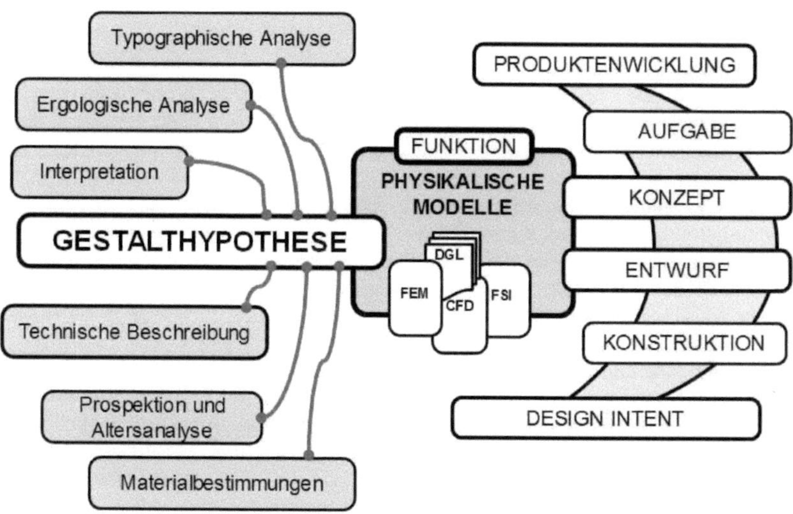

Abb.02: Einflußgrößen auf eine Gestalthyphotherse

Der Dialog mit Historikern und Archäologen führt auf ein breit gefächertes Informationsgemenge, auf Fakten, Extrapolationen und semiotischen Beziehungen, bis hin zu Spekulationen und Vermutungen. Ingenieure oder Designer haben nun die Aufgabe und Absicht, aus all diesen Informationen eine tragfähige „Gestalthypothese" zu entwickeln. Betrachten wir nun zunächst weitere Arbeitsergebnisse der systematischen archäologischen Analyse:

Ergologische Analyse. Analysefragen hinsichtlich der Form und Anwendung des Artefakten. Welche Kulturgesellschaft? Welche spezifischen Technologien der Kulturgesellschaft kamen zur Anwendung? Welche Gerätschaften und welche Werkzeuge wurden verwendet? Wie wurden Gerätschaften und Werkzeuge verwendet?

Typographische Analyse. Klassifikation des Artefakten nach den Kriterien Form und Material. Typographische Analyse als Grundlage für Kombinationsanalysen und Verbreitungsanalysen. Kombination der relativchronologischen Datierung und der sozio-ökonomischen Einordnung.

Prospektion und Altersanalyse. Die archäologischen Stätten in einem bestimmten Gebiet werden erkundet und erfasst. Die Altersbestimmung der archäologischen Funde mit relative und absolute Datierungsmethoden.

Materialbestimmungen. Moderne naturwissenschaftliche Techniken werden eingesetzt: Bildgebende Verfahren, Mikroskopie, Infrarot- und Ultraschallaufnahmen, Röntgen, chemische Analysen, Spektralanalysen und Laserscans.

Interpretation. Die Methoden der Interpretation sind in der Regel eher geistes-wissenschaftlich. Der Analogieschluss (eher bei *prähistorischer* Archäologie) und der Vergleich mit Informationen aus anderen Quellen, schriftlicher oder bildlicher Überlieferung (eher bei klassischer Archäologie oder Archäologie des Mittelalters).

Absoluter und relativer Stand der Technik. Als Stand der Technik gelten alle Kenntnisse, die der Kulturgesellschaft zugänglich gewesen sein konnten. Heikel ist die Frage, ob der Artefakt für die Kulturgesellschaft neu ist, die Qualität einer Erfindung hat oder einer Erfindung folgt. Öffentlichkeit durch schriftliche oder mündliche Beschreibung, durch Benutzung oder in sonstiger Weise zugänglich gemacht worden ist.

Neuheit, Erfindung und Entdeckung. Ein Artefakt sollte als „Neuheit" gelten, wenn er nicht zum bisherigen Stand der Technik und Entwicklung der Kulturgesellschaft gehört. Erfindung und Entdeckung werden oft verwechselt. Entdeckt wird etwas Unbekanntes aber bereits Vorhandenes, das lediglich aufgefunden wird. Im Gegensatz dazu betrifft eine Erfindung stets etwas, was bisher nicht da gewesen ist, wobei aber oft ein Zusammenhang mit etwas bereits Bekanntem besteht. Erfindungen sind Artefakte, die auf einer erfinderischer Tätigkeit beruhen, anwendbar und technisch nutzbar sind. Bei der Einordnung des Artefakten ist zu hinterfragen, ob er auf einer erfinderischen Tätigkeit beruhte. Es reicht dabei nicht aus, dass der Artefakt der Kulturgesellschaft (die ihn hervorbringt) unbekannt ist und ihr „neu" erscheint. Die erfinderische Tätigkeit ist dadurch gekennzeichnet, dass sie nicht in nahe liegender Weise aus dem Stand der Technik hervorgeht.
Hilfreich in diesem Zusammenhang ist die Frage nach der Emergenz, dem Auftauchen neuer Qualitäten, mit einem Artefakten. Artefakte können selbst emergent sein, wenn sie Wissen des Stands der Technik einer Kulturgesellschaft in einer neuartigen Weise kombinieren. Erfinderische Höhe und Emergenz sind nicht in einfacher Weise zu quantifizieren. Ein Artefakt besitzt erfinderische Höhe, wenn seine Anfertigung auf einer technischen Lehre beruht, die sich für den Fachmann nicht in nahe liegender Weise aus dem Stand der Technik dieser Kulturgesellschaft ergibt. Das Wissen einer Kulturgesellschaft über Technologien ist

die Gesamtheit aller „Lehren zum technischen Handeln". Eine technische Lehre ist gekennzeichnet durch planmäßiges Handeln, durch den Einsatz beherrschbarer Naturkräfte, mit dem Ziel eines kausal erzielbaren Erfolges. Sie soll Handlungsschritte benennen, die lückenlos sind in dem Sinne, dass es nicht erforderlich ist, menschliche Verstandestätigkeit dazwischenzuschalten.

Technizität und technischer Fortschritt. Neben der Neuheit eines Artefakten zu einem bestimmten (Entwicklungs-) Zeitpunkt und erfinderischen Höhe vor dem Hintergrund des Stands der Technik der Kulturgesellschaft ist der „technische Charakter" des Artefakten von Bedeutung und wird als Kriterium für Innovationen verwendet. Der technische Charakter eines Artefakten wird quantifizierbar über den „Vergleich des Artefakten mit" dem Stand der Technik der Kulturgesellschaft und seiner „Beziehung zum" Stand der Technik. Technizität impliziert und setzt voraus, dass eine technische Lehre zum „planmäßigen Handeln unter Einsatz beherrschbarer Naturkräfte und zur Erreichung eines kausal übersehbaren Erfolgs" existiert (siehe oben). Unter technischem Fortschritt versteht man die qualitativen und quantitativen Verbesserungen der technischen Ausgangslage einer Kulturgesellschaft zu einem bestimmten Entwicklungszeitpunkt. Technischer Fortschritt ist die Gesamtheit aller technischen Innovationen einer Kulturgesellschaft. Zur Quantifizierung des technischen Fortschritts: Aus heutiger Sicht kann durch technischen Fortschritt entweder eine gleiche Produktionsmenge (Output) mit einem geringeren Einsatz an Arbeit oder Produktionsmitteln (Input) erstellt werden oder eine höhere Menge mit dem gleichen Einsatz an Produktionsmitteln und Arbeit. Der technische Fortschritt hat auch kulturelle und soziale Auswirkungen und kann zu Strukturwandel führen. Hierzu ist aber der (möglichst gesamte) Stand der Technik und der Wissenschaft der untersuchten Kulturgesellschaft zu kontextuieren.

Gestalt- und Funktionshypothese. Die unterschiedlichen, mit einander verzahnten und komplex mit einander verschränkten Informationen und Arbeitsergebnisse der Teilanalysen über ein Sammlungsobjekt können nun zu einer Gestalthypothese zusammengeführt werden. Gestalt- und Funktionshypothesen arbeiten in der vollendeten Vergangenheit und fragen nicht „ wie könnte es gewesen sein?" (Könnte$_1$ gewesen$_2$ sein: *it may have been*. Konjunktiv II$_1$ + Partizip II$_2$), sondern behaupten: „es war gewesen". Die Gestalthypothese ist von einer Art, die sie extrem leicht angreifbar macht, aber: das macht sie (mir) eher sympathisch. Gestalt- und Funktionshypothesen polarisieren und werden entweder bestätigt, oder widerlegt und in diesem Fall dann vernünftigerweise verworfen.
Die Methoden und Verfahren mit denen eine Gestalt- und Funktionshypothese zu bestätigen oder zu widerlegen ist, haben wir in den oberen Kapiteln schon (implizit) benannt. Vielleicht stellen wir die Frage noch einmal aus der Sicht der Ingenieure und Designer. Bei der ingenieurwissenschaftlichen Entwicklung industrieller Produkte kommt „Berechnungen" eine bedeutende Rolle zu. Ingenieure rechnen immerzu. Wenn wir die Gesamtheit aller Berechnungen, Modellierungen, Simulationen über einen typischen Designerarbeitstag, ein Entwicklungsprojekt oder gar ein Ingenieursleben dahingehend untersuchen, warum dieser Mensch eigentlich laufend rechnet, modelliert und simuliert, kommen wir zu einem erstaunlichen, unerwarteten Ergebnis. Berechnungen dienen typischerweise und nahezu ausschließlich der „Gestaltfindung". Auch Berechnungen, die die funktionalen Zusammen-hänge in, um und an einem Artefakten erkunden, die Festigkeit von Bauteilen ermitteln, das Verhalten in einem Zustand der Umströmung beschreiben dienen dazu, eine Gestalt, eine vielleicht „gute Form" zu finden. Das Gestalten selbst bindet, fordert und erfordert die

Entwicklung von Funktionsanalysen, physikalischen Modellen, Berechnungsfahren und Computermethoden. Mehr noch: das Gestalten, das „poietische Tun" formt (gestaltet) und konditioniert die physikalischen Modelle erst. Haben wir also die Aufgabe, altes Wissen, archäologische Artefakte, Fundstücke oder konservierte Sammlungsobjekte als Vorbild für etwas Neues, für moderne Produkte, für die Entwicklung maritimer Zukunftstechnik zu gewinnen, müssen wir zuerst deren Gestalt verstehen. Wir sollten nicht eitel sein zu behaupten, dass vor dem Hintergrund unserer Teilhabe am Wissen der gesamten Welt, der vollständigen Information über den Stand der Technik, hier und weltweit und ohne Zeitverzug, den Patentarchiven und Datenbanken, den Expertennetzwerken, Wikipedien und Innopedien sich uns die Gestalt eines archäologischen Artefakten, eines Sammlungsobjekts und/oder eines Grabungsfundes „automatisch" und vollständig erschließt. Das tut sie nicht. Die Hypothese über Gestalt und Funktion ist deshalb der zentrale Hebel einer Wissenstransformation von einem Sammlungsobjekt in maritime Zukunftstechnik. Welche Rolle spielen nun die physikalischen Modelle? An dieser Stelle hervorzuheben sei, dass auf der Ebene der physikalischen Modelle und Simulationen die industrielle Produktentwicklung und die Gesamtheit der archäologischen Teilanalysen eine gemeinsame Schnittmenge bilden. Das ist bemerkenswert und Kernaussage der Graphik Abb. 02.

Besonders interessant - zumindest aus wissenschaftlicher Sicht - sind Gestalthypothesen, die einen „funktionalen GAP" aufweisen. Diese Erklärungslücke kann, wie in unserem Fall, eine Schar von Forschungsfragen initiieren oder unter günstigen Umständen sogar eine ganze wissenschaftliche Kampagne generieren. Betrifft der „funktionale GAP einer Gestaltungs-frage" ein physikalisches Phänomen, für das keine geschlossene oder iterative Beschrei-bungswege (Formeln im besten Fall) existieren, können computerexperimentelle Methoden erfolgreich eingesetzt werden, diesen Wissenszwischenraum zu schließen. Geeignet den „funktionalen GAP" zu schließen sind, neben den Simulationsverfahren FEM und CFD, auch Optimierungsstrategien, die eine vorhandene oder durch physikalische Modelle zu erzeugende Qualitätenlandschaft nach sinnvollen oder vorteilhaften oder gar optimalen Lösungen untersuchen. Während also in einer maritimen Technikgesellschaft Generation nach Generation von Bootsbauern beispielsweise das Rigg eines Seefahrzeugs ausent-wickeln, durch Versuch und Irrtum, Erfahrung und Genialität, in und auf einem gigantischen Versuchslabor (Meer) ein Optimierungsvorhaben (Überleben, Heimkehren) abwickeln und vorantreiben, obliegt uns Nachkommenden bestenfalls die Aufgabe und Chance die bruchstückhaften Fragmente der Überlieferung zu einem Gesamtbild zu fügen. Eine auf der Grundlage der physikalischen Modelle generierte Qualitätenlandschaft ist in diesem Zusammenhang also eine geordnet darstellbare Schar von Gestalt- und Gestaltungs-optionen und deren physikalische Qualität. Eine Optimierungsstrategie die auf diesem Gelände operiert, nachvollzieht eine (uns heute) möglich erscheinende, hypothetische Technikentwicklung einer Kulturgesellschaft aus der Zeitraffer-Perspektive. Es handelt sich also um eine „synthetische Technikevolution". Die auf diese Weise ermittelte Funktions-lösung kann nun zur Bestätigung der Gestalthypothese verwandt werden; oder widerlegen.

4.   Maritime Technik und Techniken.

Eine bedeutende Rolle in der Technikgeschichte spielen Schiffe. Auf der abstrakten Ebene der Systemanalyse sind Segelschiffe sowohl Arbeits- als auch Kraftsysteme von erheblicher Komplexität. Parallel zu den mobilitätsrealisierenden Artefakten muss sich das Wissen ihres effizienten Gebrauchs entwickelt haben. Navigation, das Manövrieren, die Gesamtheit aller

Schiffserhaltenden Handlungen und alle Fertigkeiten, die zur praktischen Handhabung eines Seefahrzeugs müssen beherrscht werden und guter „Seemannschaft" entsprechen, wie es heute heißen würde. Gerade bei fluidischen Maschinen, Schiffen, Booten und Flugzeugen oder Zeppeline, aber auch bei anderen Kraft- Arbeits- und Bewegungsmaschinen wie Wind- und Wasserkraftwerken oder Schiffsantrieben kommt der Materialauswahl eine wichtige „Konstruktions-bedeutung" zu. Bauteile für Leichter-als-Wasser-Maschinen (LaWs) wurden aus Gründen des Gewichts und der Festigkeit nicht gemauert oder getöpfert, sondern vorzugsweise aus elastischem Holz hergestellt, gegebenenfalls genäht. Boote und Bauteile wurden gedübelt oder mit Fasern verbunden, Abdichtungen mit organischen Massen realisiert; Beschläge waren erst später aus Metall. Und hier liegt das Problem: Bauteile aus Werkstoffen die rotten werden eher selten und nur durch glückliche Umstände intakt in ihrem funktionalen Kontext geborgen. In der Regel verlangt die technische Interpretation der Objekte und der funktionalen Zusammenhänge fragmentarischer Grabungsobjekte dem Archäologen Erfahrung, eine gewisse Phantasie und Begabung ab. Nicht selten liegt die Bereitstellung von „fehlenden Zwischengliedern" (missing Links) in den Händen wohlmeinender Spezialisten der technologischen Jetztzeit. Dies ist Fakt. Die experimentelle Archäologie ist heute ein anerkannter Teil der historischen Wissenschaften, insbesondere die experimentelle Schiffs-Archäologie hat vor dem Hintergrund technischer und technologischer Fragestellungen Großartiges geleistet und einem breiten Betrachterpublikum die technischen Wunderwerke früher Bootsbaukünstler nähergebracht. Unvergessen die Verfilmung der Reise des Thor Heyerdahl[2] vor wenigen Jahren, unbekannt die zahlreichen maßstabsgetreuen Repliken und (1:1)-Experimente in den Laboren der Welt und/oder im originären Freifeld. Anrührend auch die Anfertigung einer letzten Proa durch ein ganzes polynesisches Dorf, zu sehen in einem Dokumentarfilm des Ethnologischen Museums zu Berlin. Das Kanu mit Krabbenscheren-Segel ist ebendort ausgestellt. Aber es herrscht nicht nur Begeisterung, denn Nachbauten sprechen oftmals die Unwahrheit. Die Repliken arktischer Kajaks beispielsweise sind in der Regel mitnichten funktionsgetreue Repliken der originalen Konstruktionen und Bauweisen. Arktische Kajaks werden nur selten (oder nie) mit den originären Technologien und den in der Vergangenheit eingesetzten Materialien gefertigt. Es ist unter Umständen sogar einer gewissen Arroganz heutiger Bootsbauer geschuldet, dass gerne die „äußere Form der Seefahrzeuge nachgebildet" wird, aber auf die Interpretation spezifischer Eigenschaften und Merkmale der einstigen Konstruktionen und Baustoffe verzichtet wird. Es existieren nicht wenige (=nur) Repliken grönländischer und nordamerikanischer Kajaks, die gerade der funktionsstiftenden Konstruktionsmerkmale entbehren; wichtige Details, die auch und gerade für den modernen Menschen eine fertigungstechnische Herausforderung darstellen. Geweihe, das Elfenbein der Meeressäuger und deren Knochen und Knöchelchen, flexible Verbindungselemente, etwa geflochten und geknotete Sehnen, stehen nicht auf den Materiallisten rezenter Bootsbautechnik.

Natürlich gibt es positive Gegenbeispiele. In den 90er Jahren des vergangenen Jahrhunderts blieb dem fabelhaften Professor George Dyson vorbehalten, über die Konstruktionsmerkmale und feinen Details der Kajaks der Aleuteneskimos ausführlich zu berichten[3]. Dyson nahm sich Zeit und machte sich die Mühe die Nachfahren der Alaskaeskimos, den Überlebenden eines Völkermords auf nordamerikanischen Boden, nicht nur im Rahmen

---

[2] Kontiki (2012) GB, DN, N, D. Regie: Joachim Rønning, Espen Sandberg.

Der junge Forscher Thor Heyerdahl überquert 1947 auf einem selbst gebauten Floß aus Balsa-Hölzern, genannt Kon-Tiki, den Pazifischen Ozean um zu beweisen, dass Polynesien von Südamerika aus besiedelt wurde.

[3] George B. Dyson (1991) Form and Function of the Baidarka: The Framework of Design. Ausgabe 2 von Occasional papers of the Baidarka Historical Society.

durchfinanzierter, wissenschaftlicher Forschungsprojekte operativ zu Interviews und Fototerminen zu besuchen, sondern über Jahre hinweg mit ihnen zu leben und die Einzelheiten ihrer maritimen Lebensumstände zu erfahren. Heute wissen wir, dass gerade die ausgesprochen karge Daseinsweise der Alaskaeskimos diese einzigartigen Seefahrzeuge hervorbrachte[4].

Nicht wenige Wissenschaftler betrachten die Forschungsergebnisse der experimentellen Archäologie aber mit einer gewissen Skepsis, sind doch die sensationellsten Repliken immer jene mit der schlechtesten Informationslage. Als im Husumer Hafen 1885 ein Teil eines Rentiergeweihs gefunden wurde, datierten Wissenschaftler das Alter des Fundstücks auf 6000 Jahre und entwickelten die Theorie, dass das Geweihstück beim Bootsbau der damaligen Zeit Verwendung fand. Das Geweihstück wurde als Spantenteil eines Fellbootes (scinboat) interpretiert. Schon 1971 hatten norwegische Wissenschaftler (Professor Marstrander und Mitarbeiter) ein steinzeitliches Fellboot nach Vorlagen skandinavischer Steinritzzeichnungen gebaut und seine Funktionstauglichkeit durch Experimente nachgewiesen, so dass in Husum mit der Anfertigung einer Replik begonnen wurde. 1981 wurde der Öffentlichkeit ein „weitestgehend originalgetreues" Fellboot präsentiert. Heute gilt der Osloer Nachbau als „historisch falsch" und auch die Rekonstruktion des Husumer Fellbootes ist nach anfänglicher Euphorie inzwischen umstritten.

Als gelungen, im Sinne von wissenschaftlich verwertbar, dürften die inzwischen drei Nachbauten einer Hansekogge gelten. Das als Bremer Kogge bekanntgewordene und auf das Jahr 1380 datierte Wrack wurde 1962 vor Bremen gefunden. Es ist heute im Deutschen Schifffahrtsmuseum in Bremerhaven ausgestellt. Der schon lange gehegte Wunsch einer authentischen Replik solcher Schiffe sollte nun realisiert werden. Mit einer der fahrtüchtigen Nachbauten wurden in den 80er und 90er Jahren von Wissenschaftlern der TU Berlin zahlreiche Messfahrten unternommen und die Daten wissenschaftlich ausgewertet[5]. Das Schiff gilt als Paradebeispiel für einen gelungenen Technikdemonstrator und als Vorbild für das Generieren wissenschaftlich fundierter Forschungsergebnisse mit Methoden der experimentellen Archäologie.

Nun, es sind „nur" Kajaks, aber: vor dem Hintergrund der theoretischen Vorarbeiten Dysons ist es erstaunlich, dass bis heute keine „flexiblen" Kajaks nach dem Vorbild der Baidarkas der Aleuteneskimos gebaut und getestet wurden. Es bleibt eventuell den heranwachsenden Technikenthusiasten vorbehalten mit Computermodellen, Simulationen und RP-Verfahren hier den ersten Hub zu leisten. Methoden auf dem Gebiet der Computerexperimentellen Archäologie sind Gegenstand rezenter Forschungsbemühungen.

Nähern wir uns nun dem Yuloh-Paddel. Für uns Europäer ist Kolumbus der bekannteste Seefahrer aller Zeiten. In Asien allerdings fällt die Antwort anders aus, dort gilt der chinesische Admiral Zheng He aus dem 15. Jahrhundert als der wichtigste Seefahrer aller Zeiten, während er in der westlichen Welt nahezu unbekannt ist. Zheng He wird 1371 geboren, ist mongolischer Herkunft und Buddhist. Aufgrund seiner außerordentlichen Intelligenz wird er schon mit zehn Jahren Militärkadett auf einer Eliteschule. Später baut er die größten Segelschiffe, die es jemals gab. Anderthalb mal so groß wie ein Fußballfeld, und technologisch so ausgereift wie europäische Schiffe im 19. Jahrhundert. Historisch belegt

---

[4] George B. Dyson in: Spektrum der Wissenschaft 9 / 2000, Seite 76. ©Spektrum der Wissenschaft Verlagsgesellschaft.

[5] Hartmut Brandt, Karsten Hochkirch, W. D. Hoheisel (1994) Experimentelle Ermittlung der Segelleistung von einem originalgetreuen Nachbau der Hansekogge von 1380: Forschungsvorhaben gefördert durch die Deutsche Forschungsgemeinschaft... Br 532/4-1 Abschlußbericht.

sind die Reisen des Zheng He: er befährt den Indischen Ozean, kartographiert ihn von den Philippinen bis Kenia, und er bezwingt die Piraterie, denn die Botschaft des Kaisers Zhu Di ist Frieden, Handel und Buddhismus. Als 300 Jahre später der holländische Seefahrer und Entdecker Abel Tasman[6] die asiatischen Meere bereist und im Jahre 1642 als erster Europäer Neuseeland erreicht, ist die dortige maritime Technik durch mündliche Überlieferung und Werk schon seit Jahrtausenden entwickelt und etabliert. Die die Polynesier haben längst alle bewohnbaren Inseln ihres "Siedlungsraumes" von 50 000 000 km² erkundet und dieses gewaltige Dreiecks von Hawaii im Norden nach Neuseeland im Südwesten und bis hin zur Oster-Insel im Südosten sicher befahren. Sicher im Sinne von Heimkehrvermögen. Variationen der Krabbenscherensegel der polynesischen Proas werden nach Fundorten an der Westküste Perus auf 2000 bis 2700 Jahre vor unserer Zeitrechnung datiert. Die Polynesier kennen keine Navigation der Art, mit deren Hilfe die Weißen ihre großen Fahrten begonnen hatten. Ohne Kompass, Sextant und Chronometer segelten sie auf dem größten Ozean des Globus über Tausende von Seemeilen. Sie liebten die See mehr als das Land und offenbar zeichneten sie sich durch eine große Abenteuer- und Wanderlust aus, waren sie doch mit dem Meer auf das Engste vertraut.

Den westlichen Seefahrern damals und selbst den modernen Wissenschaftlern, Ingenieuren und Designern heute bleibt die östliche, jene asiatische, polynesische maritime Technik dort unvertraut, wo sie sich von der europäischen (zu jener Zeit und heute) unterscheidet. Gerade im Schiffbau besitzt die Ansicht, wie etwas auszusehen hat oder wie es funktionieren soll, eine besondere Beharrlichkeit. Ein gutes Beispiel hierfür ist das chinesische Dschunken-Rigg, tradierte Technik seit wenigstens zweitausend Jahren, leistungsfähiger als die im Europa Tasmans damals vorherrschenden Rah-Segel, hoch am Wind zu fahren, weil „durchgelattet und formstabil", unglaublich robust und bei Sturm reffbar ohne die typischen, vorteilhaften Segeleigenschaften zu verlieren, findet als Konstruktionsidee im Westen keinerlei Nachahmung, bestenfalls eine kritische Würdigung. Schlimmer noch. Mit der neuen Zeit verschwindet in Asien das Gestaltungswissen selbst vor Ort, entbehren rezente Schiffe (natürlich) spezieller Detaillösungen, die bei so manchem Forscher, ob nun im Westen oder im fernen Osten höchstinteressante (Forschungs-) Fragen aufwerfen.

Transversalantriebe. Eine derartige Forschungsfrage behandelt das Manövrieren. Die Traktionsfähigkeit eines Seefahrzeus im Hafen und seine Leistungsfähigkeit in Fahrt stecken die Bandbreite grundsätzlicher Designparameter ab. Das „lange Schiff", das mit einer guten Froudezahl, also einem günstigen Wert für das Verhältnis aus tatsächlicher und theoretisch möglicher Geschwindigkeit im offenen Gewässer schnell unterwegs ist, wird mitunter im Hafen unbeholfen (im Sinne von ohne Hilfe) nur mühsam traktierbar sein. Mit einem Hafenschlepper wiederum möchte man nicht das Kap Horn umfahren. Moderne Schiffe besitzen für das Hafenmanöver spezielle Leit- und Steuereinrichtungen. Seefahrzeuge, die im Hafenbereich oder beim Anlanden mit Muskelkraft manövriert werden müssen, benötigen hochwirksame Arbeitstragflächen. Natürlich kennen wir alle die Geschichte des alten

---

Mütterchens, das - mit ihrem Enkelkind auf dem Rücken - scheinbar ohne Mühe eine wenigstens fünf Tonnen schere Sampan mit einem Heckpaddel den Jangtse flussaufwärts pendelt. Diese „Yuloh" (in Japan „Ro") genannten Heckpaddel und ihre im europäischen Sprachraum „Wriggen" genannte und auch für größere Boote taugliche Antriebstechnik, gibt nicht wenige Rätsel auf. Klären wir zunächst die Begriffe.

Wriggen ist eine Fortbewegungstechnik für ein Seefahrzeug durch das hin- und herbewegen eines in einem Fixpunkt beweglich gelagerten Paddels. Der Fixpunkt befindet sich am Heck (achtern) des Seefahrzeugs. Die Betriebsebene eines zum Wriggen geeigneten Paddels liegt transversal gegenüber der Schiffskörperachse.

Das europäische Wriggpaddel ist der traditionelle Antrieb, mitunter speziell gestalteter Wriggboote. Grundsätzlich können aber alle Bootsformen gewriggt werden. Die Betriebs-ebene eines Wriggpaddels liegt transversal gegenüber dem Schiffskörper und damit lotrecht zur Hauptbewegungsachse des Seefahrzeugs. Im Betrieb wird ein Wriggpaddel in ein Wriggloch (Fixpunkt) eingehängt oder beweglich in einer Dolle (auch Zepter) geführt und mit dieser reversibel verbunden. Das Wriggpaddel besitzt einen Schaft und eine Arbeitstragfläche, die in der Regel in integraler Bauweise ausgeführt sind. Im Betrieb wird das Paddel von Hand so hin und her bewegt, dass das Paddelblatt im Wasser eine „liegende Acht" beschreibt. Um einen günstigen Anstellwinkel einerseits zur Strömungsrichtung des Gewässers, andererseits relativ zur avisierten Bewegungsrichtung des Seefahrzeugs zu erreichen, wird dem Paddel im Umkehrpunkt eine von Hub zu Hub in der Richtung wechselnde Drehbewegung aufgeprägt. Die Technik des Wriggens ähnelt der Fortbewegungstechnik der venezianischen Gondeln, wobei hier das Paddel seitlich und nicht achteraus gerichtet ist. Wriggpaddel sind üblicher Weise aus Holz oder Kunststoff gefertigt. Die Arbeitstragfläche des europäischen Wriggpaddels besitzt betriebsweisenbedingt ein bezüglich der Bewegungsrichtung axial- und bezüglich der Hauptachse zentralsymmetrisches Strömungsprofil.

Segelyachten können auch mit dem Schiffsruder gewriggt werden. Bei Segelregatten ist das Wriggen verboten[7]. Weil es so effektiv ist.

Das asiatische Yuloh ist der tradierte Antrieb chinesischer Dschunken. Das Yuloh ist darüber hinaus im gesamten asiatischen Raum verbreitet und findet auch als Hilfsruder auf polynesischen Proas Anwendung, die derart ausgestattet seit über 5000 Jahren betrieben werden. In China wird das Yuloh erstmals in einer Schrift (Shi Ming) des Autors Liu Hsi, Han Dynastie (23-221 n.Chr.) erwähnt, gilt aber zu dieser Zeit schon als tradierter Antrieb auch größerer Boote. Die Betriebsebene eines des Yulohs liegt transversal gegenüber dem Schiffskörper. Grundsätzlich können alle Bootsformen mit einem Yuloh-Paddel angetrieben werden. Das Yuloh besitzt einen Schaft und eine Arbeitstragfläche und wird als Integral-konstruktion aus einem Stück gefertigt; montierte Formen sind auch überliefert. Das Yuloh wird im Betrieb beweglich in einem Fixpunkt, ähnlich der Fixation eines europäischen Wriggpaddels im Dollpunkt, gelagert und ist mit diesem reversibel verbunden. Zusätzlich und

---

[7] Rule 42 of the ISAF Racing Rules of Sailing: 42.1 Basic Rule: Except when permitted in rule 42.3 or 45, a boat shall compete by using only the wind and water to increase, maintain or decrease her speed. Her crew may adjust the trim of sails and hull, and perform other acts of seamanship, but shall not otherwise move their bodies to propel the boat.

im Unterschied zu einem europäischen Wriggpaddel besitzt das asiatische Yuloh-Paddel bootsseitig eine weitere Führung und der Schaft eines Yulohs ist im Fixpunkt leicht gekröpft. Zur Führung: Etwa auf der Höhe des Bediengriffes besitzt das Yuloh eine Abspannung (Seil) zu einem zweiten Fixpunkt am Deck des Bootes und bildet derart eine Fesselung im Sinne eines Zugmittelsystems aus. Zur Kröpfung: Der Schaft des Yulohs ist leicht bogenförmig (mit einer Krümmung von 8° bis 10°) ausgeführt, oder weist auf der Höhe des heckwärtigen Auflagers eine Kröpfung mit einem Winkel von um die 8° auf. Im Betrieb bewirkt die Seilführung der Fesselung in gestalterischer Kombination mit der Krümmung des Schaftes bzw. der Kröpfung des Schaftes im Lagerpunkt, dass ein Yuloh eine Hin- und Her- Bewegung ausführt, bei der sich automatisch und ohne Zutun des Betreibers ein strömungsgünstiger Anstellwinkel des Paddelblattprofils einerseits zur Strömungsrichtung des Gewässers, andererseits relativ zur avisierten Bewegungsrichtung des Seefahrzeugs einstellt, ohne dass dem Paddel im Umkehrpunkt eine in der Richtung wechselnde Drehbewegung aufgeprägt werden muss. In Fahrt führt die Paddel-Arbeitstragfläche nun eine Art Wischbewegung durch das Wasser aus. Der durch die Bauweise bedingte dynamische Auftrieb des Arbeitstragflügels hält dabei durch eine Hebelwirkung das Zugmittelsystem unter Spannung, was zu einer sehr einfachen Bedienung führt. Die für Yulohs überlieferten Strömungsprofile der Arbeitstragflächen sind in der Regel symmetrisch. Nichtsymmetrische Strömungsprofile bilden in Sammlungen, Repliken und Modellen eher die Ausnahme.

In einer Dienstanweisung der schweizerischen Armee wird das Wriggen eindeutig beschrieben und in Graphiken durch einen betont kräftigen Mann dargestellt. Denn wriggen ist anstrengend. Deshalb lassen wir es am besten außeracht und beschäftigen uns lieber mit der asiatischen Variante, von der behauptet wird, sie könnte auch von Kinderhand wirkungsvoll betrieben werden. Das wollen wir gerne glauben. Allein, weil es so schön klingt. In den Museumssammlungen finden wir zahlreiche Modelle, Zeichnungen und Beschreibungen japanischer, vietnamesischer, chinesischer und auch afrikanischer Schiffe, die mit

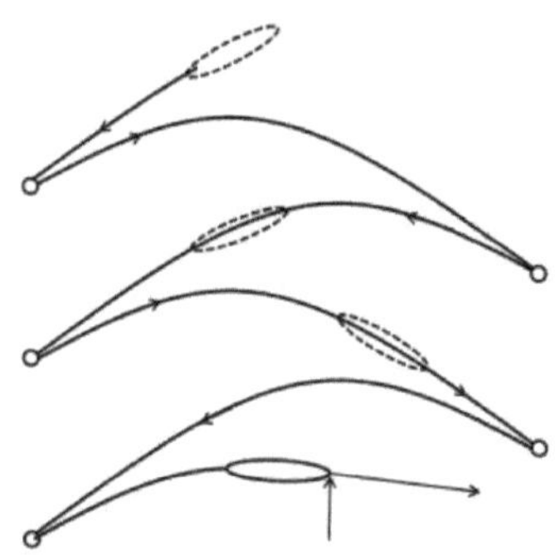

einem gefesselten Ruder ausgestattet sind. Von historischer, maritimer Technik ist ja bekannt, dass sie in aller Regel das Ergebnis eines hochselektiven Prozesses darstellt, denn gutes Schiffsdesign entscheidet und entschied zu allen Zeiten über Leben und Tod. Maritim Untaugliches besitzt ein nur beschränktes Heimkehrvermögen und scheidet aus dem Portfolio der heimischen Schiffbauerkunst aus. Genauso, wie in der biologischen Evolution immer der gesamte Phänotyp zur Disposition steht, ist auch in der Technikevolution jeder Gestaltungsparameter einem Selektionsdruck ausgesetzt. Funktionale Ausentwicklung sollte also auch das Tragflächenprofil des Yulohs umfassen. Hier also identifizieren wir einen „funktionalen GAP", eine Erklärungslücke.

Staunend über die maritime Entwicklung der asiatischen Kulturgesellschaften, fasziniert von den japanischen Ro, den chinesischen Yulohs und dieserart angefixt, entstand nun der Plan (die Dienstanweisung außerachtlassend) das Konzept für einen Funktionsimplikator eines Transversalantriebs zu erstellen. In einer klassischen Vorgehensweise sollten dem Konzept eines Technik- und Technologiedemonstrators eine Funktions-hypothese auf der Basis einer archäologischen Analyse vorangeschaltet werden. Bei einem durch ein Yuloh angetriebenes Schiff in Fahrt, bewegt sich die Arbeitstragfläche des Paddels in einer Abfolge sichelförmiger

Bahnen durch das bewegte Fluid, wie oben skizzenhaft dargestellt. Auffällig allerdings und auch von einem archäologischen Laien wahrnehmbar, ist die Unterschiedlichkeit der aus den Sammlungsmodellen und/oder zeichnerischen Überlieferungen extrahierbaren Tragflächenprofile asiatischer Yulohs. Dabei handelt es sich – ganz entgegen der Erwartung, die sich aus der vermuteten Betriebsweise ergibt – keineswegs ausschließlich um asymmetrische Konturen.

Profilkonturen. Grundsätzlich gilt: Ein Strömungsprofil kennzeichnet die Form eines Strömungskörpers in Strömungsrichtung des umgebenden Fluids. Die Kontur eines Strömungsprofils ist die umhüllende Gestalt des Strömungskörpers. Besonders konturiert sind Strömungsprofile für Krafttragflächen und Arbeitstragflächen. Durch die spezifische Form von Kraft- und Arbeitstragflächen und durch die Umströmung des Fluids kommt es zu einem Wechselwirkungsgeschehen, das durch Energieaustausch gekennzeichnet ist. Arbeitstragflächen sind fluidmechanisch wirksame Tragflügel, die vornehmlich Energie in ein umgebendes Fluid einkoppeln. Beispiele sind die Leit- und Steuerflächen von Luft- und Seefahrzeugen, Schaufeln von fluidmechanischen Antrieben und das Paddel eines Kanus. Für Arbeitstragflächen wird in der Regel eine mechanisch starrer Form, ein deklaratorisch definiertes Profil und eine nichtflexible Kontur angestrebt. Die Profile von Arbeitstragflächen sind hinsichtlich ihrer Lateralkontur entweder definiert symmetrisch oder (definiert) asymmetrisch. Es ist üblich, Koordinaten der Konturen von Strömungsprofilen sowie die zugehörigen mathematischen Handhabungsmethoden in Datenbanken zu hegen. Die Grundbeschreibung eines Strömungsprofils erfolgt mit wenigstens folgenden geometrischen Größen: Tiefe t[m], Dicke d[m] des Profils und weitere Parameter, etwa der Wölbungsrücklage xf[m]. Als generalisierte, auf die Profiltiefe t bezogene Größen folgt somit z.B. die (spezifische, auf die Profiltiefe bezogene) Profildicke d/t [%]. Für europäische Wriggpaddel, für asiatische Yulohs und für andere transversal betriebene Paddel sind für deren Arbeitstragflächen unterschiedliche Profile gebräuchlich. Den Arbeitstragflächen ist gemein, dass sie verfahrensbedingt (transversale Betriebsebene) beidseitig beaufschlagt betrieben werden. Dies erfordert ein zentralsymmetrisches Profil des Tragflügelsystems des Paddels, welches in beide Beaufschlagungsrichtungen gleiche strömungsmechanische Eigenschaften besitzt. Traditionell, entwicklungs- und fertigungsbedingt kamen in der Vergangenheit und kommen für europäische Wriggpaddel heute, für asiatische Yulohs und für andere transversal betriebene Paddel, bevorzugt vollsymmetrische (zentral- und lateralsymmetrische) Profile zum Einsatz.

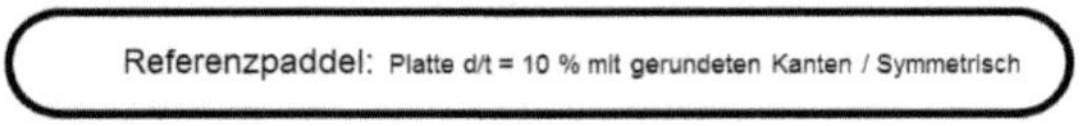

Referenzpaddel: Platte d/t = 10 % mit gerundeten Kanten / Symmetrisch

Abb.03: Platte mit gerundeten Kanten als Referenzprofil

Beginnen wir mit dem Stand der Technik. Das vollsymmetrische Plattenprofil mit gerundeten Kanten stellt die tradierte und funktionsfähige Profilgeometrie für Wriggpaddel dar und sei Ausgangspunkt einer systematischen Untersuchung möglicher Profile für Yuloh-Arbeitstragflächen. In der nachfolgenden Tabelle werden Ergebnisse für folgende Berechnungsgrößen dargestellt:

Querkraftkoeffizient (Lift)   CL
Widerstandskoeffizient   CD
Momentenbeiwert (bei 25% t)   Cm025
Transionspunkt an der Profil-Oberseite   T.U.
Transionspunkt an der Profil-Unterseite   T.L.
Separationspunkt an der Profil-Oberseite   S.U.
Separationspunkt an der Profil-Unterseite   S.U.

Variiert wird der Profilanstellwinkel α. Das ebene Platteprofil mit d/t= 10% Profildicke, bezogen auf die Tragflügel-Profiltiefe t besitzt abgerundete Kanten (r=d/2) und ist (bauartbedingt) lateral- und axialsymmetrisch. Berechnungen: mit der Potentialtheorie Wasser, 20[°C], Re: 10E6.

α	CL	CD	Cm 0.25	T.U.	T.L.	S.U.	S.L.
[°]	[-]	[-]	[-]	[-]	[-]	[-]	[-]
-2.0	-0.174	0.02696	-0.005	0.061	0.045	0.079	0.063
-1.0	-0.044	0.02324	-0.012	0.053	0.049	0.078	0.068
-0.0	0.082	0.02012	-0.020	0.049	0.055	0.070	0.073
1.0	0.046	0.02385	-0.028	0.046	0.061	0.063	0.071
2.0	0.134	0.02784	-0.035	0.044	0.063	0.056	0.079
3.0	0.222	0.03268	-0.043	0.041	0.066	0.053	0.084
4.0	0.310	0.04839	-0.050	0.040	0.071	0.050	0.988
5.0	0.397	0.05384	-0.058	0.039	0.077	0.049	0.988
6.0	0.481	0.05809	-0.065	0.039	0.089	0.046	0.988
7.0	0.563	0.06429	-0.073	0.040	0.976	0.047	0.978
8.0	0.643	0.07225	-0.080	0.040	0.975	0.046	0.977
9.0	0.720	0.08111	-0.087	0.039	0.975	0.046	0.977
10.0	0.795	0.08917	-0.095	0.039	0.975	0.045	0.978
11.0	0.867	0.09857	-0.102	0.039	0.975	0.044	0.978
12.0	0.936	0.11090	-0.109	0.037	0.975	0.043	0.978
13.0	1.002	0.12328	-0.116	0.037	0.975	0.042	0.978
14.0	1.064	0.13447	-0.123	0.037	0.975	0.042	0.978
15.0	1.122	0.14404	-0.130	0.038	0.975	0.042	0.978
16.0	1.177	0.16209	-0.137	0.038	0.974	0.043	0.976
17.0	1.226	0.17702	-0.143	0.036	0.975	0.041	0.978
18.0	1.272	0.19737	-0.150	0.036	0.975	0.040	0.977
19.0	1.314	0.21334	-0.156	0.036	0.974	0.040	0.977
20.0	1.351	0.23131	-0.163	0.036	0.974	0.039	0.977
21.0	1.380	0.25365	-0.169	0.036	0.975	0.040	0.977
22.0	1.403	0.27220	-0.175	0.035	0.974	0.040	0.976
23.0	1.421	0.29441	-0.182	0.037	0.974	0.041	0.976
24.0	1.434	0.31994	-0.187	0.035	0.975	0.039	0.978
25.0	1.442	0.34951	-0.193	0.035	0.975	0.039	0.978
26.0	1.446	0.36796	-0.199	0.034	0.975	0.039	0.978
27.0	1.446	0.40975	-0.205	0.034	0.974	0.039	0.977
28.0	1.444	0.43052	-0.210	0.036	0.975	0.040	0.978

FlowLAB. Die potentialtheoretischen Untersuchungen[8] der zweidimensionalen Strömung an Tragflügel-sektionen erfolgt mit dem Programm JAVAFoil[9]. Der Potentiallöser ist eingebunden in das Programmsystem FlowLAB©[10], das derzeit von der BIONIC RESEARCH UNIT[11] der Beuth Hochschule für Technik für den Lehr- und Forschungseinsatz entwickelt wird. Die von einem (zweidimensionalen) Potentiallöser abgebildete Strömungswirklichkeit ist von der realen Strömung um eine einen Tragflügel weiter entfernt, als finite Volumen Methoden vom Stand der Technik. Die Strömung sei rotorfrei, inkompressibel und stationär. Der Potentiallöser unterstützt unterschiedliche Reibungsansätze und Grenzschichtmodelle[12]. Die Untersuchun-gen können für Strömung in Luft oder das Medium Wasser durchgeführt werden. Bleibt ein Potentiallöser auch weit hinter den Möglichkeiten eines modernen CFD-Programmsystems zurück, hat diese Simulationsmethode aber Vorteile hinsichtlich der Berechnungszeiten. Bei ohnehin schlecht strukturierten Gestalt- und Bemessungsfragen bieten Potentiallöser Möglichkeiten an, schon alleine aufgrund ihrer Berechnungs-geschwindigkeit, einen raschen Überblick über das avisierte Strömungsphänomen zu gewähren.

Betrachten wir nun das Plattenprofil. Der maximale Profilanstellwinkel α_{STALL}, an dem die Ablösung der turbulenten Grenzschicht zu einem Querkrafteinbruch führt (STALL) ist mit $\alpha=26.0$ [°] durchaus respektabel. Der Zahlenwert des maximalen Auftriebskoeffizienten von CL= 1.45 liegt auf dem Niveau prominenter Tragflügelprofile, etwa Profilen aus der genau vermessenen und gut dokumentierten NACA-Profilserie [Abbo-59]. Sorgenkind ist das Widerstandgebaren des Tragflügels (bzw. seines Profilquerschnitts) mit einem Widerstands-koeffizienten $C_D = 0.4$.

5.   Auswahlkriterien für ein Paddelprofil.

Angesichts der Berechnungsergebnisse für die Strömungsmechanik der gerundeten Platte, taucht unmittelbar die Frage auf, nach welchen Gütekriterien die Gestaltung der Paddel-tragfläche erfolgen soll, bzw. in der Entwicklungsvergangenheit erfolgte, denn – wie gesagt - auch Paddelprofile sind das Ergebnis einer Technikevolution. Und ich füge hinzu: Ergebnis einer gestalterischen Ausentwicklung globalen Ausmaßes. Das „Stechpaddel" kommt bei allen maritimen Technikgesellschaften - auf die eine oder andere Weise - zur Anwendung. Und immer wieder begegnen wir dem weltweit und über die Zeit bevorzugten „Plattenprofil". Das sollte uns eigentlich zu denken geben.

---

[8] Eine Potentialströmung ist der rotationsfreie Spezialfall der Hydrodynamik einer homogenen idealen Flüssigkeit, die durch die Eulerschen Bewegungsgleichungen beschrieben wird; diese gelten auch für Strömungen homogener, reibungsfreier Fluide mit Rotation (Wirbelströmung). Siehe auch: Herbert Oertel (Hrg.): *Prandtl-Führer durch die Strömungslehre. Grundlagen und Phänomene*, Vieweg 2002.

[9] http://www.mh-aerotools.de/airfoils/javafoil.htm.

[10] http://www.bmoto.de/Flowlab_intro.html Das Programmsystem FlowLAB© befindet sich derzeit in der FreakPhase. FlowLAB wird von der *bionic research unit* der Beut Hochschule für Technik Berlin als frei zugänglich Software in der Sprache SCILAB für den Lehr- und Forschungsbetrieb entwickelt.

[11] https://projekt.beuth-hochschule.de/bru/ Die forschungsbezogene Fachgruppe für Bionik der BHT Berlin.

[12] The "boundary layer analysis" module steps along the upper and the lower surfaces of the airfoil. It solves a set of differential equations to find the various boundary layer parameters. It is a so called *integral method*. The equations and criteria for transition and separation are based on the procedures described by Eppler.

Planschen oder Fliegen? Werden sie als Antriebsorgan verwendet, sind Paddel „Kraft-Tragflächen"; sie koppeln Energie in die Strömung ein. Auf diese Weise entstehen (1) Querkräfte, die zu einer Vorwärtsbewegung genutzt werden können und es entstehen (2) Widerstandskräfte, axiale Kräfte in Richtung der Hauptbewegung der Tragfläche, respektive des Strömungsprofils. Auch die axialen Kräfte können zur Vorwärtsbewegung genutzt werden. Betrachten wir einen Paddler, einen Ruderer, einen Stand-Up-Paddler vom Stand der Technik und der Techniken-Entwicklung, dann fällt auf, dass ein großer Teil der zur Vorwärtsbewegung aufgebrachten Schubkraft und als Folge der in die Strömung eingekoppelten Energie, aus der axialen Widerstandskraft und nicht aus der (zur axialen Kraft orthonormal wirkenden) Querkraft stammt. Mit anderen Worten: der Vortrieb durch Paddeln (im europäischen, vielleicht „westlichen" Sinne!) stammt überwiegend aus dem Widerstandsgebaren der Arbeitstragfläche, einem „Planschen" vergleichbar. Das klingt „niedlich", ist aber eine sehr effiziente Energieeinkopplung. Planschen beim Paddeln hat gegenüber dem „Fliegen" einer Arbeitstragfläche den Vorteil, dass der Energieeintrag in erster Linie von der aufzubringenden (dynamischen) Kraft in Bewegungsrichtung abhängt und über diese determiniert werden kann. Diese Tatsache macht das (Planschen beim) Paddeln interessant für Wettbewerbe, die über die Athletik des Bedieners (des Athleten) entschieden werden sollen. Wir nennen es Sport.

Aus der Sicht des Gestalters ist Sport natürlich langweilig. Die Einführung der Einheitsklassen im Wassersport, sei es der One-Design-Surfbretter, der Einheits-Kajaks oder der Segelboot-klassen hat zu einer Stagnation der (Sport-) Geräteentwicklung geführt. Designer und Ingenieure haben aus dieser Richtung auch zukünftig wenig Inspiration zu erwarten. Als Wassersportler begrüße ich Einheitsklassen, als Gestalter nicht. Leider domestiziert der Sport auf diese Weise nicht nur die Technik, sondern auch Techniken im Sinne von Betriebsweisen. Westliche Paddel und der westliche Paddelstil beispielsweise führen vor dem Hintergrund des Aufspürens potentieller maritimer Zukunftstechnik in eine Sackgasse. Das ist aber kein Problem, denn wir begeben uns ja mit unserem Vorhaben in die Technik-Vergangenheit. Waren unsere Vorfahren keine Wassersportler, so warten die asiatischen, arktischen, pazifischen oder vielleicht einfach nur zeitlich weit genug zurückliegende maritime Technikgesellschaften mit allerlei Erfreulichkeiten hinsichtlich nichtathletischer Antriebe und deren Gestaltungslösungen auf. Polynesier segelten (soweit man weiß) keine Regatten und ein Aleuten-Eskimo paddelte eben nicht um einen Silberpokal sondern um seine Existenz. Nennen wir es Überleben. Bei den wind- und muskelkraftgetriebenen Seefahrzeugen ging es wahrscheinlich nie um konkurrierende Athletik. Die Entwicklung der maritimen Technik ist einzig und alleine getrieben von der Effizienz des Gesamtsystems, der Mensch-Boot-Umgebung; gemessen am Heimkehrvermögen der seefahrenden Menschen und ihrer Konstruktionen. Gestaltgebung ist dann das Ergebnis funktionaler Anforderungen an das Gesamtsystem. Und die Form folgt der Funktion[13]. Das kommt uns bekannt vor.

Wenn wir also „fliegen" wollen (und nicht planschen) benötigen wir eine Arbeitstragfläche mit einer den funktionalen Anforderungen des Fliegens folgenden Gestalt, respektive Tragflächenkontur. Suchen wir also ein nach einem fluidmechanisch wirksamen Profil!

Nachdem wir nun alle planschenden Wassersportler gegen mich aufgebracht haben, diskutieren wir die Frage: wann ist ein Tragfügelprofil ein gutes Profil? Für die ebene gerundete Platte wurden oben Berechnungsdaten angegeben. Es ist offensichtlich, dass die Berechnungsdaten nach dem Anstellwinkel gegenüber der beaufschlagenden Strömung

---

[13] **Form follows Function.** Erstmals genannt wird der Terminus von dem amerikanischen Bildhauer Horatio Greenough, der 1852 hinsichtlich organischer Prinzipien in der Architektur von „form follows function" spricht.

geordnet sind. Diese Datenorganisation ist aber kein Naturgesetz. Die Idee hinter einer nach der Anströmsituation geordneten Berechnungskampagne ist der leicht abzulesende „Betriebsbereich" einer Arbeitstragfläche und des Auftriebs- und Widerstandsgebaren in Abhängigkeit von der Strömungsbeaufschlagung.

In welchem Größenordnungsbereich bewegen sich typische Auftriebsbeiwerte C_L (auch Querkraftkoeffizient, Liftbeiwert) und Widerstandsbeiwerte C_D fluidmechanisch wirksamer Profile? Betrachten wir hierzu kurz das Diagramm der Auftriebs- und Widerstandskoeffizienten, aufgetragen über den Anstellwinkel, eines theoretisch, mess- und berechnungstechnisch gut untersuchten Tragflügelprofils aus der NACA-Serie. Für das symmetrische Profil NACA0016 sind die Kurven der Auftriebskoeffizienten C_L zentral-, die der Widerstandskoeffizienten C_D achsensymmetrisch. Das Profil ist also a priori beidseitig beaufschlagbar. Die C_L-Kurve ist über einen weiten Bereich linear; das ist für nahezu alle Profile vom Stand der Wissenschaft und Technik so. Bei der Umströmung kommt es in der körpernahen Grenzschicht zuerst zu einem Übergang von laminarer zu turbulenter Strömung (Transition T) und weiter stromabwärts an einen Übergangspunkt, an dem die turbulente Strömung ablöst (Separation S). Im Scheitelpunkt der Kurve für den Auftriebskoeffizienten C_L ist der Bereich der Strömungsablösung so groß, dass ein weiteres Ansteigen des Anstellwinkels nicht zu einer Vergrößerung der Auftriebsbeiwerte des Profils führt. Strömungszustände, die jenseits dieses Winkels liegen, werden in der Fluidmechanischen Praxis Stallzustand (kurz: Stall) genannt, der Winkel α_{STALL}. Der Stallwinkel ist also ein interessantes Kriterium bei der Beurteilung eines Tragflügelprofils. Für einen ersten Überblick über die fluidmechanische Performance eines „fremden" Tragflügelprofils kennzeichnet der Stallwinkel das erreichbare Leistungsmaximum.

Profile unterscheiden sich darin, wie groß an der Stelle α_{STALL} der Auftrieb (Nutzen) im Verhältnis zu den bei diesem Zustand herrschenden Widerständen (Kosten) ist. In einer ersten Betrachtung ist also das Verhältnis der Auftriebs- zu den Widerstandskoeffizienten (C_L/C_D) der Profilkontur an dieser Stelle α_{STALL} (Stallwinkel) ein Gütekriterium. Später werden wir in unsere Betrachtungen auch die vom Auftrieb bedingten Widerstände, die an einem dreidimensionalen Tragflügel auftreten (Betrachtung höherer Ordnung), mitberücksichtigen müssen.

Die Kurve des Auftriebs- über den Widerstandskoeffizienten wird auch Profilpolare oder Lilienthalpolare genannt. Diese abgeleitete Größe ist - im Besitz der des Auftriebs- und den Widerstandskoeffizienten an einer Stelle im Diagramm – einfach zu ermitteln und wird als Gütekriterium herangezogen. Der Fachmann sieht in dieser Kurve natürlich viel mehr als wir. So ist beispielsweise eine Nullpunkt-Tangente an diese Kurve als der so genannte „Gleitwinkel" definiert. Unser Referenzsystem, das Profil NACA0016, ist eine sehr gutmütige Kontur und wird gerne als Ausgangskonfiguration für Optimierungen und für grundsätzliche Versuche am Strömungskanal herangezogen. Wir finden für einen Stallwinkel α= 15 [°] Zahlenwerte und vergleichen sie mit denen der ebenen Platte (Werte in Klammern)

Stallwinkel	α [°]	= 15 (26)
Auftriebskoeffizienten	C_L [-]	= 1.29 (1.45)
Widerstandskoeffizienten	C_D [-]	= 0.12 (0.37)
Auftriebs- zu Widerstandskoeffizienten	(C_L/C_D) [-]	= 10.75 (3.92)

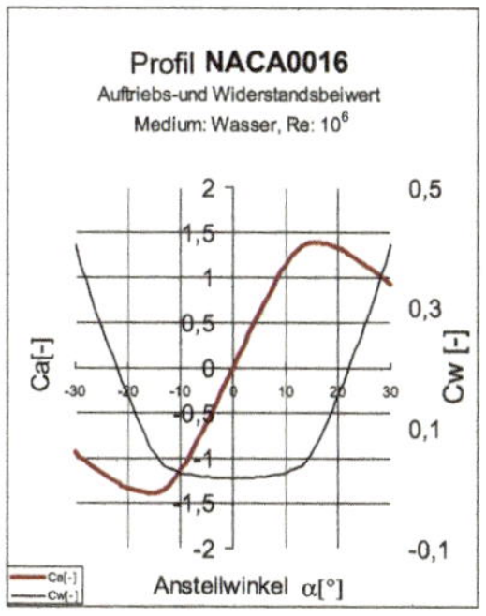
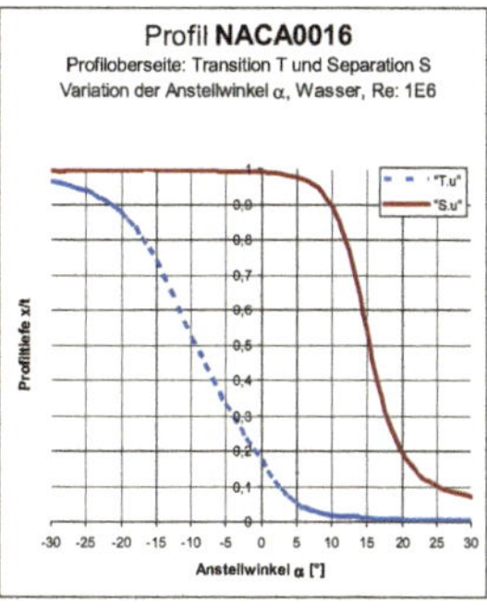
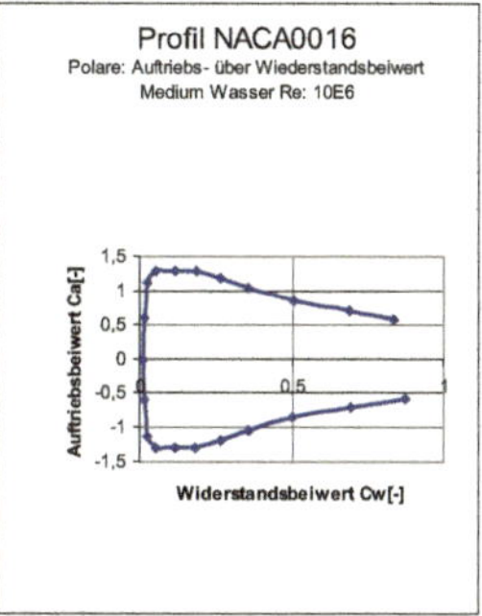

Abb.04: Das Profil NACA0016. Auftriebs- und Widerstandskoeffizienten, Transitions- und Separationspunkte und Liliebnthalpolare.

Leider können wir dieses hübsche Profil bei der Gestaltung des Yuloh-Paddles nicht einsetzen. Das NACA 0016 kann zwar mit unterschiedlichen Anstellwinkeln, aber nur in einer Bewegungsrichtung betrieben werden. Profile für Transversalantriebe müssen achssymmetrisch sein. Die ebene Platte mit abgerundeten Enden ist solch ein achssymmetrisches Profil. Jedoch ist zu vermuten, dass die Platte mit abgerundeten Kanten keine Optimallösung darstellt. Das Plattenprofil ist zwar parametrisierbar aber wegen der komplizierten Glättungsanforderungen (aus meiner Sicht) als Startsystem einer numerischen Optimierungskampagne ungeeignet. In einer Veröffentlichung eines Yuloh-Praktikers schlug dieser die Verwendung eines Profils aus zwei überlagerten NACA-Konturen vor; ein interessanter, vielleicht kluger Ansatz, der aber nummerisch nur aufwändig umzusetzen ist.

6.   Profilspezifikation.

Ein sehr sympathisches, weil vollparametrisier-bares, axialsymmetrisches Profil ist die BLB-Kontur. Sie besteht aus zwei in der horizontalen Ebene aneinandergesetzten Halbellipsen, die jeweils durch zentrale Konstruktionskreise beschrieben werden. Die Konturlinie der Ellipse ist ein Funktional. Qua Definition besitzen die Halbellipsen an ihrer „Nahtstelle" eine gemeinsame, vertikale Tangente. Dies ist eine (in erster Ordnung) gute Übergangsbedingung der beiden Teilkonturen und vereinfacht außerdem die Deklaration dieses synthetischen Profils. Die achssymmetrischen Teilellipsen sind somit einer linearen Variation zugänglich und können in Serien organisiert und systematisch untersucht werden. Es werden nun potentialtheoretische Berechnungen zu den synthetischen Profilkonturen der BLB-Serie durchgeführt.

Dem BLB-Profil liegt die Idee eines Strömungsprofils zu Grunde, das allein durch das geometrische Element Ellipse beschrieben und durch lediglich zwei Parameter eindeutig definiert ist. Das Strömungsprofil ist für Kraft- und Arbeitstragflächen geeignet. Ausprägungen und Varianten des fluidmechanisch wirksamen Strömungsprofils können in Serien systematisiert und geordnet werden. Das BLB-Profil ist ein fluidmechanisch wirksames, in lateraler Achse (Achse der Bewegungsrichtung) nichtsymmetrischen, jedoch wechselseitig beaufschlagbares, zentralsymmetrisches Strömungsprofil, dessen Kontur durch zwei Parameter p1 und p2 vollständig und eindeutig definiert ist, wie folgt: "BLB [p1][p2]".

Das Profil ergibt sich aus der Überlagerung zweier zentralsymmetrischer Halbellipsen und bildet ein in Hauptströmungsrichtung asymmetrisches Strömungsprofil aus. Die zentralsymmetrischen Halbellipsen besitzen eine Dicke, entsprechend der Summe des halben Durchmessers des Konstruktionskreises D der oberen Halbellipse und des halben Durchmessers des Konstruktionskreises d der unteren Halbellipse. Mit dem Parameter p1 sei der spezifische, auf die Profiltiefe t der Arbeitstragfläche bezogene, Durchmesser d/t des Konstruktions-kreises der unteren Halbellipse benannt. Mit dem Parameter p2 sei der spezifische, auf die Profiltiefe t der Arbeitstragfläche bezogene, Durchmesser D/t des Konstruktionskreises der oberen Halbellipse benannt. Die Kontur des zentralsymmetrischen Profils entsteht, indem die obere und die untere Halbellipse eine gemeinsame Kontur bilden. Das Strömungsprofil "BLB[d/t][D/t]" ist für Kraft- und Arbeitstragflächen geeignet. Die Graphiken betreffen berechnete Werte unterschiedlicher BLB-Profile. Berechnet werden das Polardiagramm der Auftriebs- und Widerstandsbeiwerte über den Anstellwinkel bei unterschiedlichen Reynoldszahlen für das Medium Wasser aus den Auftriebs- und Widerstandsbeiwerte. Außerdem der Stall: Transition und Separation auf der Tragflächenoberseite über den Anstellwinkel. Die zu untersuchende Strömungswirklichkeit und damit die für eine Simulation angesetzten Strömungsgeschwindigkeiten sollen bei unseren Betrachtungen nicht kleiner als v_{min} = 0.5 [m·s^{-1}] sein. Die Tiefe T des Tragflügels repräsentiert die signifikante Länge L in der Formulierung der Reynolds-Zahl und variiert im Bereich von {0.1[m]<T<0.2[m]}; die kinematische Viskosität[14] des Mediums ist mit v(Wasser) =0,1012·10^{-6} [m^2·s^{-1}] als Tabellenwert gegeben. Damit sind die minimalen und die maximalen errechneten Reynoldszahlen angegeben mit den Zahlenwerten Re_{unten}= 49.407 und Re_{oben}=975.296; sie determinieren einen Untersuchungsbereich der relevanten Geschwindigkeiten von: 5·10^4<Re<1·10^6 und einer Schallgeschwindigkeit c_{SW}= 1484 [m·s^{-1}].

Profilspezifikation BLB[d/t][D/t]

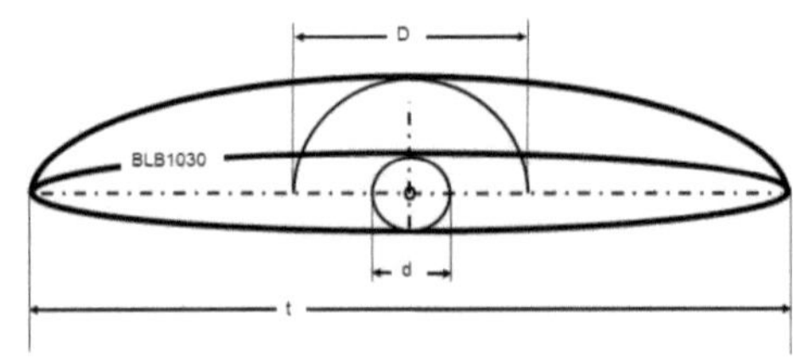

---

[14] Stoffgrößen einiger Strömungsmedien

Stoff	dyn. Viskosität η	Dichte ρ kin.	Viskosität ν	Schallgeschw. a
[phys. Einheit]	[kg·s^{-1}·m^{-1}]	[kg·m^{-3}]	[m^2·s^{-1}]	[m·s^{-1}]
Luft$_1$	18,1 · 10^{-6}	1,188	15,24 · 10^{-6}	343
Wasser$_2$	1,01 · 10^{-3}	0,998 · 10^3	0,1012 · 10^{-6}	1484
Öl$_3$	6,80 · 10^{-3}	0,858 · 10^3	7,93 · 10^{-6}	1340
Gelatine$_4$	3,7 · 10^{-3}	0,8 · 10^3	4,625 · 10^{-6}	k. A.

Symbolik, abgeleitete Größen und Kennwerte in der Profilanalyse

Tragflügellänge	b	[m]	
Profiltiefe (chord length, c)	t	[m]	
generalisierte x-Koordinate	x/l	[%]	
generalisierte y-Koordinate	y/l	[%]	
generalisierte (Kontur-) Geschwindigkeit	v/V	[%]	
Profildicke	d/t	[%]	
überströmte Fläche des Flügels	A	[m^2]	$A = b \cdot t$
Seitenverhältnis (Flügel)	λ	[-]	$\lambda = A/b^2$
Auftriebsbeiwert (LIFT-Koeffizient)	C_L	[-]	
Widerstandsbeiwert (DRAG-Koeffizient)	C_d	[-]	
Momentenbeiwert MOMENT-Koeffizient)	C_m	[-]	
Druckbeiwert (pressure coefficient)	C_p	[-]	
Reibungsbeiwert (local friction coefficient)	C_f	[-]	
Geschwindigkeit in [m/s],	v, w	[ms^{-1}]	
Schallgeschwindigkeit (speed of sound)	a	[ms^{-1}]	
Auftrieb, Querkraft, Lift	L	[N]	$L = c_a \cdot A \cdot v^2 \cdot \rho/2$
Formwiderstand	W_F	[N]	$W_F = c_w \cdot A \cdot v^2 \cdot \rho/2$
Reibungswiderstand	W_R	[N]	$W_R = c_r \cdot A \cdot v^2 \cdot \rho/2$
induzierter Widerstand	W_I	[N]	$W_I = c_I \cdot A \cdot v^2 \cdot \rho/2$
Beiwert rauhe Oberfläche, turbulent[15]	c_r	[-]	$c_r = 0{,}418 \cdot (2+\lg(t/k))^{-2,53}$
Beiwert des induzierten Widerstands[16]	c_I	[-]	$c_I = \lambda\, c_a^{\,2} / \Pi$
Verdrängungsdicke, Grenzschichtdicke[17]	δ_1	[m]	
Grenzschichtdicke (laminar)[18] $\delta_2=$	δ_{LAM}	[m]	$\delta_{LAM} = 5{,}0 \cdot (\,Re_x\,)^{-1/2} \sim x^{1/2}$
Grenzschichtdicke (turbulent)[19] $\delta_3=$	$\delta_{TURB.}$	[m]	$\delta_{TURB} = k(x) \cdot (\,Re_x\,)^{-1/2} \sim x^{0.8}$
Konturbeiwert (shape factor12)	H_{12}	[-]	$H_{12} = \delta_1/\delta_2$
Konturbeiwert (shape factor32)	H_{32}	[-]	$H_{32} = \delta_3/\delta_2$

In den Diagrammen bedeutet:

T.L. oder ULT$_{LOWER}$	Umschlagpunkt, Transition: laminar-turbulent, lower surface
T.U. oder ULT$_{UPPER}$	Umschlagpunkt, Transition: laminar-turbulent, upper surface
S.L. oder ABP$_{LOWER}$	Ablösepunkt, Separation, lower surface
S.U. oder ABP$_{UPPER}$	Ablösepunkt, Separation, upper surface

---

[15] Angabe der Rauhigkeit k in [m]. z.B. gilt als glatt: k= 0,001[mm] = 10^{-3} [mm] = 10^{-6} [m].
[16] gemäß elliptischer Auftriebsverteilung nach Prandtl
[17] Grenzschichtdicke (displacement thickness) δ_1
[18] auch Impulsverlust-Dicke (momentum loss thickness)
[19] Dicke der turbulenten Grenzschicht (ebene Platte) $\delta_{TURB.}$ = k(x)(Re_x)$^{-1/2}$. Der empirische Faktor k entspricht der Ordinate k=y(x), im Falle der ebenen Platte. Auch Energie-Dickenbeiwert

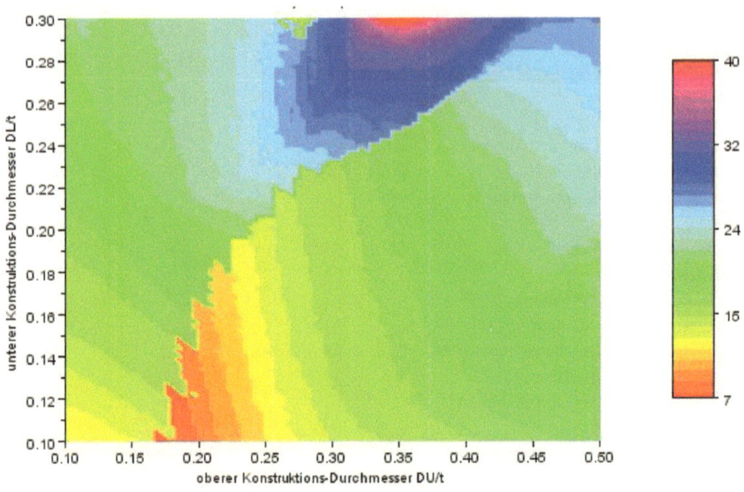

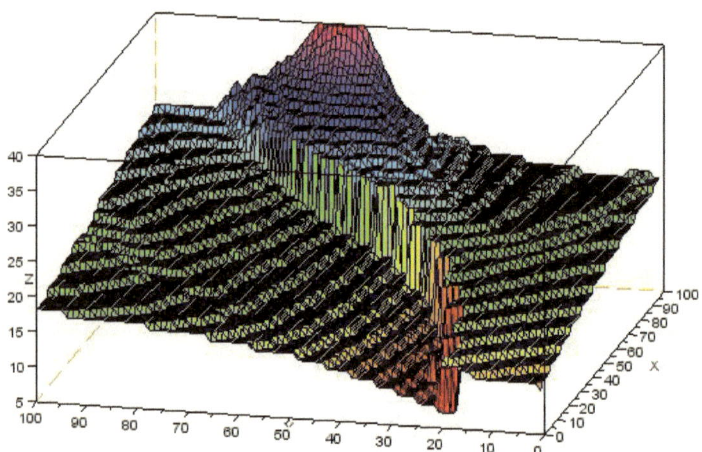

Abb.05: Berechnungskennfeld des Stallwinkels als Funktion der Konstruktionskreis-durchmesser. Geschwindigkeiten von: $\{5 \cdot 10^4 < Re < 1 \cdot 10^6\}$, Medium Wasser bei [20°C]. Rechts unten im Bild: Überlagerung der beiden Qualitätenverläufe.

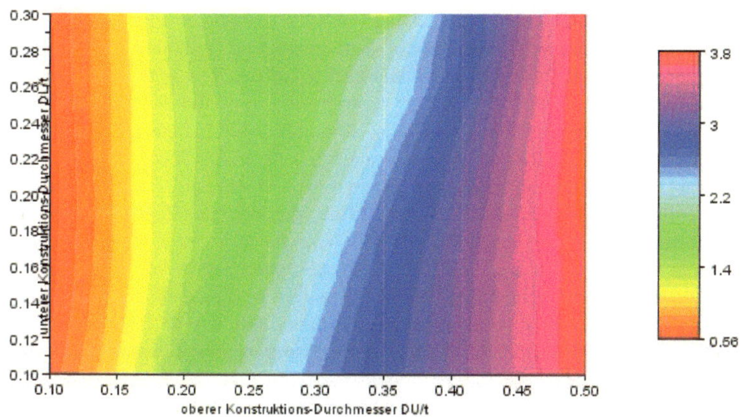

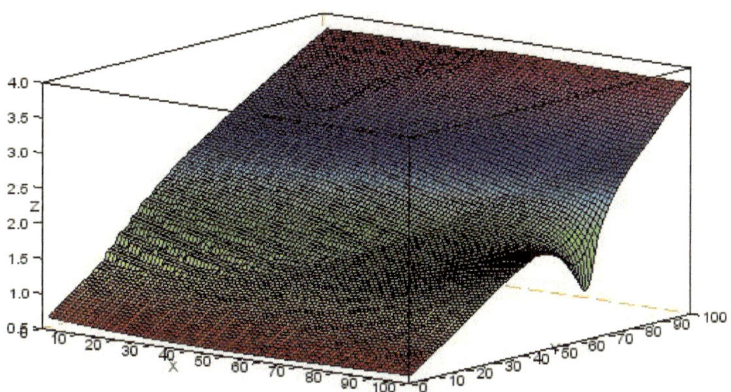

Abb.06: Berechnungskennfeld des Querkraftkoeffizuenten CL_{STALL} als Funktion der Konstruktionskreisdurchmesser. Geschwindigkeiten von: $\{5\cdot10^4<Re<1\cdot10^6\}$, Medium Wasser bei [20°C]. Rechts unten im Bild: Überlagerung der beiden Qualitätenverläufe.

7.   Systematische Berechnung von Kennfeldern für ein BLB-Profil und lokale Suche

Mit der Variation der Parameter p1 und p2, dem spezifischen, auf die Profiltiefe t der Arbeitstragfläche bezogenen Durchmesser DL/t des Konstruktionskreises der unteren Halbellipse und dem spezifischen, auf die Profiltiefe t der Arbeitstragfläche bezogenen Durchmesser DU/t des Konstruktionskreises der oberen Halbellipse spannt sich der Untersuchungsbereich für folgende (n x m) Geometrievariation auf:

$p1_n$: $\{0.1 < DU/t < 0.5\}_{n=1,100}$ $p2_m$: $\{0.1 < DL/t < 0.3\}_{m=1,100}$

Die aus den beiden (n=m) hundertdimensionalen Vektoren p1 und p2 aufgespannte Matrix besitzt 10.000 Berechnungspunkte und bildet aussagekräftige Kennfelder ab. In jedem Berechnungspunkt wird das Polardiagramm hinsichtlich Auftrieb und Widerstand im oben beschriebenen Stallpunkt untersucht. Berechnungsgrößen sind der Auftriebskoeffizient $C_{LIFT,STALL}$ und der Widerstandsbeiwert $C_{DRAG,STALL}$. Der maximale Anstellwinkel α_{STALL} wird ermittelt. Die computerunterstützte Strömungsmechanik (computational fluid dynamics, numerische Strömungsmechanik, CFD) vom Stand der Technik zielt darauf, strömungsmechanische Probleme approximativ mit numerischen Methoden zu lösen. Die benutzten Modell-gleichungen sind meist die Navier- Stokes- Gleichungen, Euler- oder Potentialgleichungen. Die Idee der CFD ist es, komplexe Fragestellungen der Strömungsmechanik zu bearbeiten, deren Lösungen sehr schnell zu nichtlinearen Problemen führen und nur in Spezialfällen exakt lösbar sind. Verbreitete Lösungsmethoden der CFD sind die Finite- Differenzen- Methode (FDM), die Finite Volumen- (FVM) und die Finite Elemente- Methode (FEM). Der in diesem Aufsatz für die Strömungsberechnung verwendete Potential-Code gehört zu einer Schar frei verfügbarer Strömungssimulationsprogramme, die nach der Potential-theorie arbeiten. Potentiallöser stellen einen sehr effektiven Code zur Simulation von Außenströmungen dar, arbeiten nach der Potentialtheorie und sind auf der numerischen Ebene so genannte Panel-Codes, die für reibungs- und rotationsfreie Strömungsprobleme angewandt werden. In der Regel verfügen auch Potentiallöser (XFOIL, FS-Flow, Javafoil) über ein Reibungs- und Turbulenzmodell, wie das oben beschriebene Eppler-Modell. Mit einem Potentiallöser werden die Berechnungszeiten für das Strömungsgebiet extrem (Faktor 1/1000 im Vergleich zu tradierten CFD-Methoden) verkürzt. Potentialcode ist besonders geeignet für die Survey-Untersuchungen komplexer Qualitätslandschaften von Strömungsphänomenen, bei denen in möglichst kurzer Zeit eine Vielzahl von Berechnungsiterationen erforderlich sind. In der hiesigen Untersuchung wird der Potentiallöser als Prognoseinstrument in der frühen Phase der Fluidsystementwicklung verwendet.

Die systematische Untersuchung der Profilvariationen nach den spezifischen Konstruktionskreisdurchmessern DL/t und DU/t der (teil-) elliptischen Kontur führt zunächst auf ein Kennfeld des Stallwinkels α_{STALL} selbst. Die in der Simulation verwendete Boundary Layer Methode[20] benutzt in der hiesigen Konfiguration des Potentiallösers das Transitions- und Separationsmodell nach Eppler. Es werden die Anstellwinkel einer Variation ermittelt, bei dem keine weitere Zunahme des Auftriebskoeffizienten erwartet werden kann. Das Kennfeld des Stallwinkels (Abbildung 05) zeigt eine deutlich ausgeprägte Paretofront[21] (in Form einer geschwungenen Diagonalen) und ein globales Maximum am Variationsrand. Dort, am Kennfeldrand werden Zahlenwerte deutlich über $\alpha_{STALL} > 20[°]$ ermittelt. Die durch die Paretofront separierten Ebenen besitzen makroskopisch einen Gradienten und verlaufen in lokalen Stufenformationen. Werden die Berechnungsdaten nicht weiter aufbereitet (und genau so soll verfahren werden, einer interpretationsfähigen Messung ähnlich) stellen lokal gestufte Gradientenstrukturen sehr spezielle und anspruchsvolle Strategieanforderungen an

---

[20] The boundary layer analysis module steps along the upper and the lower surfaces of the airfoil, starting at the stagnation point. It solves a set of differential equations to find the various boundary layer parameters. It is a so called *integral method*. The equations and criteria for transition and separation are based on the procedures described by Eppler. The results of the boundary layer module are also used to correct lift, drag and moment coefficients empirically, if separation occurs. Additionally, a blending to separated, flat plate coefficients is performed for very high angles of attack.

[21] Pareto optimality, is a state of allocation of resources in which it is impossible to make any one individual better off without making at least one individual worse off.

das lokale Suchverfahren. Im Einzelnen wird es bei der Kennfeldverarbeitung um den Einsatz einer globalen (erblichen) Mutationsschrittweite gehen, denn die Paretofront wird sich auch in den Berechnungs-Ergebnismatritzen widerspiegeln. Angemerkt sei, dass die Berechnung des maximalen Stallwinkels die Variation relevanter Konfigurationen für den Anstellwinkel {-50<a[°]<+50} erforderlich macht, und – quasi als Beifang – Momentenbeiwerte, Widerstandskoeffizienten und Transitions- und Separationspunkte zu jedem Anstellwinkel berechnet werden, wie oben beschrieben. Das führt zu etwa 500.000 Funktionsaufrufen des Strömungslösers, alleine für die Ermittlung des α_{STALL}-Kennfeldes. Das Berechnungsprogramm FlowLAB benötigt für diese Ermittlungskampagne nur etwa fünf Stunden, inklusive instanter graphischer Kontrolle und Datensicherung. Das ist beachtlich schnell.

Betrachten wir die weitere Kennfeld-Ermittlung und die durch den Potentiallöser dargestellte Berechnungswirklichkeit. Mit zunehmender Wölbung der Konturoberseite (DU/t) nimmt auch die Tragfähigkeit des Profils zu, dargestellt über den Lift der Profilkontur. Der Feldgradient scheint von der Wölbung der Profilunterkante (DI/T) nahezu unabhängig zu sein, was aus dem Kennfeld der Querkraftkoeffizienten über die Profilvariation, Abbildung 06, zu erkennen ist. Dies ist insofern bemerkenswert, da ein derartiges Verhalten gerne einem so genannten Laminarprofil[22] zugeschrieben wird, obwohl dies auf unsere Konturen nicht zutrifft. Hierzu ist eine Betrachtung des Transitions- und Separations-verhaltens in Abhängigkeit vom Anstellwinkel α interessant, wie sie die Diagramme der Einzeluntersuchungen an BLB-Profilen weiter unten im Text ermöglicht. Außer einer (schwer zu erklärenden) Senke der Liftkoeffizienten für große Wölbungen bei der Profilunterkante {(DL/t)>0.3} bei moderaten Konstruktionskreisdurchmessern {0.2<(DU/t)<0.25} am Variationsrand ergibt die Berechnung der Querkraftkoeffizienten ein klares Bild.

Optimierung. Es werden für BLB-Profile Geometrievariationen durch- und einer potential-theoretischen Berechnung zugeführt. Mit der stufenweisen Variation der Parameter p1 und p2, dem spezifischen, auf die Profiltiefe t der Arbeitstragfläche bezogenen Durchmesser d/t des Konstruktionskreises der unteren Halbellipse und dem spezifischen, auf die Profiltiefe t der Arbeitstragfläche bezogenen Durchmesser D/t des Konstruktionskreises der oberen Halbellipse entsteht eine konsistente Schar berechenbarer Profile. Damit ergibt sich für den Konstruktions-durchmesser DL der unteren (luvwärtigen) Ellipse und für den Konstruktionskreis DU der oberen (leewärtigen) Teilellipse ein Variationsbereich von

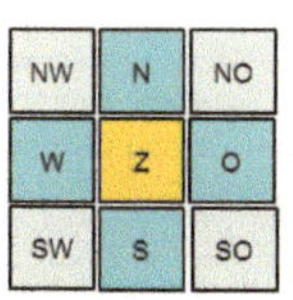

DL/t: {0.1<DL/t<0.3} und DU/t: {0.1<DU/t<0.5}. Die in jeder Berechnungskampagne ermittelten Werte des Querkraftkoeffizienten C_L, des Widerstandkoeffizienten C_D zu jedem Stallwinkel α_{STALL} werden in symmetrischen Matrizen zu 100X100=10.000 Berechnungspunkten im Speicherbereich des gleichen Rechners abgelegt, der auch die Strömungssimulation ausführt. Dies ist aber nicht grundsätzlich erforderlich. Aus den Kennfeldern können jetzt lokale Berechnungsgrößen abgeleitet werden. Im hiesigen Fall wird im Rahmen der Optimierungskampagne die signifikante Größe C_L/C_D = $(CL/CD)_{STALL}$ in einem dem Stall nahen Bereich des Profils generiert.

---

[22] Tragflügelprofil, bei dem durch eine bestimmte Formgebung der laminare Strömungszustand der Grenzschicht über einen großen Bereich der Flügeloberfläche erhalten und damit der Reibungswiderstand gering bleibt.

Die Untersuchung der durch die Verrechnung der Kennfelddaten erzeugten Qualitätenlandschaft der Variation der Yuloh-Profile erfolgt nun also mit dem evolutiven Algorithmius. MRMoore ist eine von mir für die Untersuchung von indizierten Matritzen (Kennfeldern) entwickelte Variante eines lokalen Suchalgorithmus, einer sehr einfachen Evolutionsstrategie. Die Definition der namensgebenden „Moore-Umgebung" ist, wie gleichsam die „von Neumann-Umgebung", der Nomenklatur der Spieltheorie entliehen. Im Falle einer zweidimensionalen Matrix besitzt die Moore/von Neumann-Umgebung (MvN-Umgebung) acht, im dreidimensionalen Fall 26 Nachbarn. Die Mutationsschrittweite des lokalen Suchalgorithmus soll adaptiv, also flexibel und erblich sein. Dies macht also die Beschreibung einer weiter gefassten MvN-Nachbarschft erforderlich, in der - nunmehr über die Mutationsschrittweite skaliert - mit „normal-verteilten" Zufallsschritten Variationen der Einstellparameter angesteuert werden können. Im Sinne einer lokalen Suche.

```
function e=MrMooreEvo_LIFTnDRAG_732(Gen, Mu, dim);   //geht so ganz gut ...
// #######################################################################################################
// Basis (=Evo_g001) RE (1,L)-EvolutionsStrategie / globaler Schrittweite / Komma        ####################
//  ES für Testfunktionen / Kennfelder  Variation in der Moore'schen Umgebung            ####################
// ## Kennfeld-Evaluation                                                                ####################
// ## Variation eines Doppel-Elliptischen Profil; Kennfeld über (CL/CD) bei alphaStall   ####################
// ## C:\MID\MID0_Workbench\FlowLAB_files\KennfeldALFA_100100.txt';                      ####################
// ## Version V722                                                                       ####################
// #######################################################################################################
clear all; gfreq=1; count=0; // best  elter  mutant                      // global
d=3.5; alfa = 1.2;          db=d; de =d; dm =d;                          // Schrittweite
qsto=zeros(1,Gen); q=0.001;    qb =q; qe =q; qm =q;    xq=1:Gen;         // Qualitaet
ipos=60; eipos= ipos; bipos=ipos; mipos=ipos;                           // Matritzen-Indizes
kpos=95; ekpos= kpos; bkpos=kpos; mkpos=kpos;                           // Matritzen-Indizes
target1getpath = 'C:\MID\MID0_Workbench\FlowLAB_files\KennfeldLIFT_100100.txt';    // Kennfeld Path 'get
target2getpath = 'C:\MID\MID0_Workbench\FlowLAB_files\KennfeldDRAG_100100.txt';    // Kennfeld Path 'get
target3putpath = 'C:\MID\MID0_Workbench\FlowLAB_files\KennfeldCLCD_100100.txt';    // Kennfeld Path 'put
[targetMap1,tex]=fscanfMat(target1getpath);                             // Kennfeld Laden
[targetMap2,tex]=fscanfMat(target2getpath);                             // Kennfeld Laden
for is=1:dim for ks=1:dim targetMap3(is,ks)=targetMap1(is,ks)/targetMap2(is,ks); end;end;   // berechnen CL/CD
 [imax,kmax]= maxMAPindex(targetMap3,dim); disp(imax);disp(kmax);       // Index Maximum ()
 zmin = min(targetMap3); zmax = max(targetMap3);disp(zmin); disp(zmax); // Wert Maximum ()
 ddim=100;  dU =linspace(0.1,0.5,ddim); dL =linspace(0.1,0.3,ddim);     // also settings
 targetMap4 = targetMap3;      xx = 1:100; yy= 1:100;                   // also settings
 for g=1:Gen                                                            // Gen..begin
  for m=1:Mu                                                            // Mu..begin
   if rand()<0.30,dm=de/alfa; else dm=de*alfa; end;                     // Schrittweite
   mipos=getaIndex(eipos,dm,dim); mkpos=getaIndex(ekpos,dm,dim);        // Variation/ Mutation
   qm=targetMap3(mipos,mkpos);                                          // Qualitaet
   if qm>=qb then qb=qm; bipos=mipos; bkpos=mkpos; db=dm; end;          // Elektion  KOMMA
  end;                                                                  // Mu..ends
  qe=qb; eipos=bipos; ekpos=bkpos; de=db; qsto(g)=qe;                   // erben
 end;
 e=Gen;                                                                 // Gen..ends
endfunction;
```

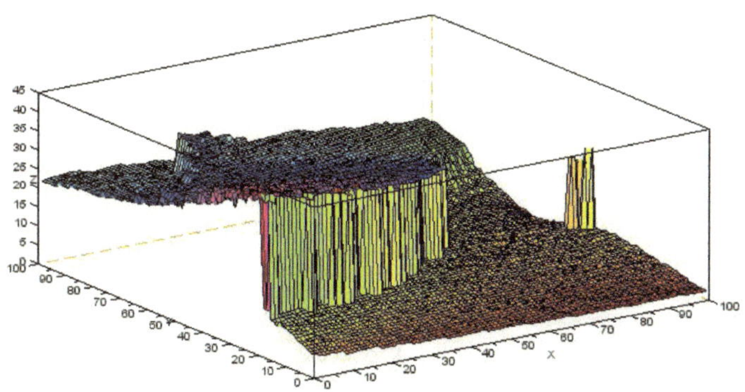

Abb.07: Berechnungskennfeld: CL/CD = F(DL/t,DU/t).

Der lokale Suchalgorithmus MRMoore[23] kommt nach durchschnittlich 250 Funktionsaufrufen zum Ziel. Die Zahl der Funktionsaufrufe wird ermittelt aus dem Produkt von Mutantenzahl m und Generationen g bis zur Zielfindung, wobei eine Erhöhung der Variationenzahl (Mutantenzahl) erfahrungsgemäß eine Verschiebung in Richtung kleinerer Anzahl von Funktionsaufrufen insgesamt bewirkt. Der Algorithmus ist sehr schnell und benötigt mit einer Hardware vom Stand der Technik[24] nur wenige Sekunden.

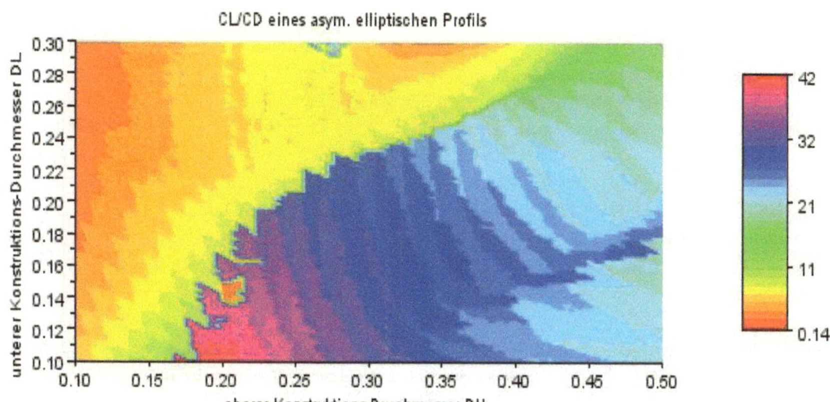

Abb.08: Berechnungskennfeld: CL/CD = F(DL/t,DU/t).

---

[23] Die Routine MRMoore wurde implementiert: ScienceLAB Vers.: 5.3 (2014/15)
[24] Verwendet wurde ein handelsüblicher PC: Intel Core i7-2800 CPU / 3.4 Ghz /64B1t.

Die beiden unten dargestellten Kennfeldgraphiken zeigen zwei unmittelbar hintereinander gestartete Optimierungskampagnen. Da der lokale Suchalgorithmus MRMoore zur Variantenbildung (zur Laufzeit randomisiert) normalverteilte Zufallszahlen aufruft, ist es kaum verwunderlich, dass – trotz gleicher Rand- und Anfangsbedingungen – unterschiedliche Prozessablaufpfade beschritten werden. Gerechnet werden insgesamt g=100 Generationen mit m=3 Mutanten auf zwei 100X100-Kennfeldern für die Querkraftbeiwerte C_L und dem Widerstandsbeiwert C_D an der Stallgrenze α_{STALL}. Es wird in jeder Generation und zu Jeder Variation der Konstruktionskreisdurchmesser der oberen und unteren Ellipse aus den gegebenen Kennfeldern für die Querkraftbeiwerte und Widerstandsbeiwert der Koeffizient der Lilienthal-Polaren ermittelt und das Kollektiv aus ELTER-Struktur und m MUTANTen evaluiert. Dies entspricht, wie oben angeführt, einer PLUS-Strategie bei der in der Folgegeneration die (Gestalt-) Information der – hinsichtlich der simulierten Strömungswirklichkeit BESTEN-Struktur mit verarbeitet werden darf und einem gemeinsamen Elektionsensemble zur Verfügung steht. Bei KOMMA-Strategien nehmen die BESTEN-Strukturen der vorangegangenen Generation nicht am rezenten Auslesegeschehen teil (kurz gesagt: der ELTER stirbt). Die Mutationsschrittweite δ ist in der MRMoore-Konfiguration des evolutiven Algorithmus eine globale Variable. Die BESTEN-Struktur vererbt δ in die Folgegeneration. Dort wird für jede ausgewiesene Variantenstruktur die Mutationsschrittweite selbst mutiert. Innerhalb des Individuums, also vor dem Hintergrund seines Variablen-Vektors die Mutationsschrittweite δ general stochastisiert, wirkt also auf alle zu variierenden Parameter in gleicher Größenordnung und Richtung (verkleinern / vergrößern) und kann auch nur als generale Größe $\delta = \delta_G$ weitervererbt werden. Auf die etwas aufwändigere Individualisierung der Mutationsschrittweite (hinsichtlich der Parameterschar eines Individuums, wohlgemerkt) wurde bei der MRMoore-Konfiguration des evolutiven Algorithmus bewusst verzichtet, weil lediglich zwei Gestaltungs-Parameter sehr ähnlicher Art variiert werden, deren Zahlenwerte (upperD, lowerD) im gleichen Größenordnungsbereich rangieren. Der evolutive Algorithmus findet aus den gegebenen und in beschriebener Weise verarbeiteten Kennfeldern folgende Gestalt:

Koeffizient der Lilienthal-Polaren	CL/CD ... berechnet = 41.66419
Konstruktionskreisdurchmesser der oberen Ellipse	upperD ... gefunden = 0.185
Konstruktionskreisdurchmesser der unteren Ellipse	lowerD ... gefunden = 0.1
Koordinaten-Indizes des berechneten Kennfelds:	Kennfeld(i)= 22 und Kennfeld(k) = 1

Die durch den lokalen Suchalgorithmus gefundenen Konstruktionskreisdurchmesser der unteren und der oberen Ellipse {lowerD=0.1}   und   {upperD=0.185} führen auf ein asymetrisches Profil der BLB-Serie   BLB1020. Diese Profilkontur wurde nun einer näheren potentialtheoretischen Untersuchung zugeführt. Variiert wird jetzt der Anströmwinkel {-50<α[°]<50}.

Die BIONIK endet und das ENGINEERING beginnt. Das so ermittelte „vorteilhafte Profil BLB1020" besitzt solide Querkraftbeiwerte C_L und moderate Widerstandsbeiwerte C_D an der Stallgrenze α_{STALL} = 14[°] mit einem Maximalwert von: CL= 1.9 . Dem Betrachter der Simulationsergebnisse fällt unmittelbar auf, dass die durch den lokalen Suchalgorithmus gefundene Gestalt der Yuloh-Profils genau am Rande der Qualitätenlandschaft und damit am Rand des die Strömungsphysik repräsentierenden Berechnungskennfeldes für den Lilienthalkoeffizienten, berechnet aus den Kennfeldern des Querkraftkoeffizienten C_L und des Widerstandkoeffizienten C_D zu jedem Stallwinkel α_{STALL} liegt. Die derartige „Randlage" eines Ergebnispunktes einer Untersuchungskampagne ist für jeden Optimierer unbefriedigend.

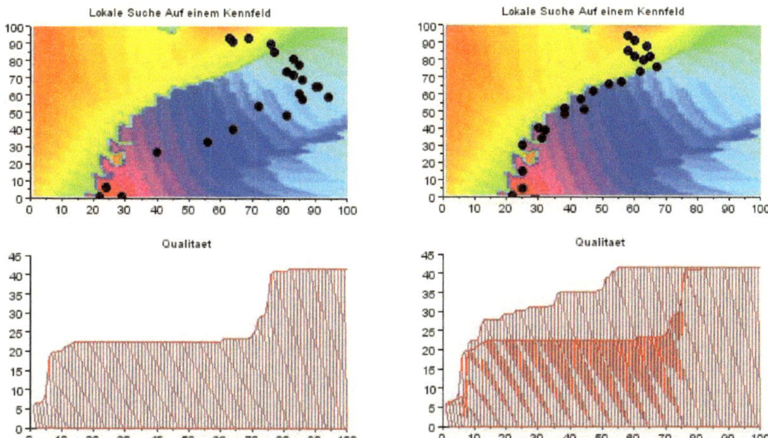

Abb.09: Graphische Dokumentation der Untersuchunmgskampagne. Im Berechnungskennfeld dargestellt ist der Koeffizient der Lilienthal-Polaren (CL/CD)$_{STALL}$ im Stallpunkt als Funktion der Konstruktionskreisdurchmesser eines BLB-Profils. Geschwindigkeiten von: $\{5\cdot10^4<Re<1\cdot10^6\}$, Medium Wasser bei [20°C]. Rechts unten im Bild: Überlagerung der beiden Qualitätenverläufe.

Der Umstand, dass es sich bei der Qualitätenlandschaft um ein temporär existierendes Berechnungskennfeld handelt, ändert an dieser Einschätzung nichts. Die Ergebnisse der Simulationskampagne sind aber deshalb nicht per se Unbrauchbar. Im Gegenteil. Taucht ein Optimalpunkt gerade am Rand eines Berechnungskennfelds auf muss man sich – von der Neugier darauf zu erfahren, wie das Kennfeld an dieser Stelle wohl weitergehen könnte, einmal abgesehen – die Frage stellen, ob man nicht vielleicht der Simulationskampagne eine falsche Überschrift gegeben hat, oder – ganz profan – nicht die richtigen Fragen gestellt hat. Der Lilienthalkoeffizient ist einfach zu prominent um ihn nicht als „Gestaltungskriterium des ersten Hubes" für eine Arbeitstragfläche heranzuziehen. Und, als ein der Gestaltfindungskampagne übergeordnetes Kriterium darf, eingedenk der Präzisionskompetenz des Potentiallösers, unsere Untersuchung bestenfalls als eine Survey-Studie zu einen Gestaltungsvorschlag für eine avisierte Profilkontur gelten. Gewiss sind potentialtheoretische Untersuchungen zu Profilkonturen nur ein erster Ansatz und zu gegebener Zeit sollte eine Berechnungskampagne mit einem hochperformanten CFD-Löser an diese Voruntersuchungen anschließen.

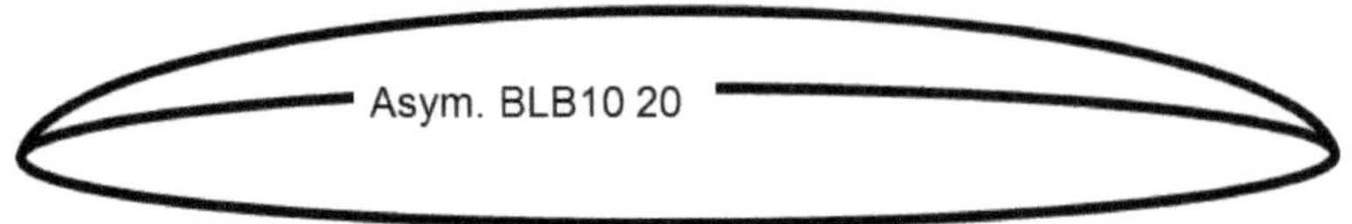

α	Cl	Cd	Cm 0.25	T.U.	T.L.	S.U.	S.L.	L/D	A.C.	C.P.
[°]	[-]	[-]	[-]	[-]	[-]	[-]	[-]	[-]	[-]	[-]
-50.0	-0.200	0.81085	0.203	0.503	0.001	0.504	0.031	-0.247	-0.040	1.263
-40.0	-0.306	0.71353	0.172	0.969	0.001	0.991	0.024	-0.428	-0.032	0.814
-30.0	-0.523	0.37459	0.117	0.967	0.001	0.987	0.021	-1.395	0.003	0.474
-20.0	-0.718	0.14286	0.042	0.963	0.003	0.984	0.025	-5.023	1.210	0.308
-10.0	-0.638	0.01835	-0.092	0.500	0.010	0.991	0.990	-34.764	0.331	0.105
-5.0	-0.029	0.01569	-0.120	0.437	0.017	0.990	0.991	-1.853	0.297	-3.875
-4.0	0.079	0.01718	-0.125	0.426	0.020	0.990	0.990	4.601	0.297	1.837
-3.0	0.207	0.01691	-0.131	0.416	0.027	0.989	0.991	12.261	0.294	0.882
-2.0	0.336	0.01610	-0.137	0.291	0.094	0.989	0.992	20.848	0.294	0.658
-1.0	0.464	0.01621	-0.142	0.272	0.198	0.988	0.992	28.603	0.300	0.557
0.0	0.562	0.01693	-0.148	0.187	0.229	0.988	0.992	33.194	0.301	0.513
1.0	0.688	0.01767	-0.154	0.174	0.254	0.988	0.992	38.931	0.295	0.474
2.0	0.813	0.01861	-0.160	0.122	0.329	0.987	0.992	43.719	0.296	0.446
3.0	0.938	0.02068	-0.165	0.087	0.333	0.987	0.991	45.376	0.296	0.426
4.0	1.062	0.02094	-0.171	0.075	0.341	0.986	0.992	50.707	0.296	0.411
5.0	1.184	0.02193	-0.177	0.056	0.491	0.986	0.992	54.005	0.297	0.399
6.0	1.304	0.02337	-0.182	0.036	0.579	0.985	0.992	55.813	0.298	0.390
7.0	1.420	0.02626	-0.188	0.008	0.587	0.984	0.991	54.060	0.300	0.382
8.0	1.530	0.02809	-0.194	0.006	0.594	0.983	0.991	54.477	0.303	0.377
9.0	1.635	0.02978	-0.199	0.005	0.732	0.982	0.991	54.885	0.307	0.372
10.0	1.727	0.03189	-0.205	0.004	0.736	0.981	0.992	54.163	0.316	0.369
11.0	1.806	0.03448	-0.211	0.003	0.741	0.980	0.992	52.372	0.333	0.367
12.0	1.865	0.03798	-0.216	0.003	0.922	0.977	0.992	49.104	0.366	0.366
13.0	1.908	0.04059	-0.222	0.002	0.931	0.973	0.992	47.000	0.453	0.367
14.0	1.926	0.04618	-0.229	0.002	0.937	0.966	0.992	41.719	-0.488	0.369
15.0	1.882	0.05341	-0.241	0.001	0.946	0.927	0.991	35.238	0.029	0.378
20.0	1.278	0.15241	-0.343	0.001	0.967	0.101	0.991	8.386	0.121	0.518
30.0	0.699	0.34418	-0.416	0.000	0.989	0.038	0.990	2.030	0.102	0.845
40.0	0.367	0.56208	-0.473	0.000	0.988	0.046	0.989	0.653	0.043	1.538
50.0	0.218	0.82120	-0.505	0.001	0.550	0.048	0.551	0.265	0.046	2.573

8.   Zur Auswahl einer Profilstruktur für ein Yulohpaddel

Wurden bei der Suche nach vorteilhaften Arbeitstragflächenprofilen die richtigen Fragen gestellt? Der Lilienthalkoeffizient $(CL/CD)_{STALL}$ faktorisiert das Auftriebsgebaren des Profilkontur nach dem Widerstand im Stallpunkt. Da es ja gerade der Phänomenologie und weniger der physikalischen Ursache der Strömungswirklichkeit des Stall-Vorgangs entspricht, dass hier der Widerstand an der Profilkontur (gegebenenfalls exorbitant) zunimmt, verliert man natürlich bei einer lokalen Suche in verrechneten Gradientenkennfeldern eine ganze Schar attraktiver Mitbewerber mit um den größten Auftrieb. Der Einfluss des Widerstands der Antriebstragflächen ist nicht per se negativ zu bewerten. Nicht bei Flugzeugtragflächen, wohl aber bei Schiffsstabilisatoren, oder anderen Leit- und Steuerflächen und insbesondere beim Manövrieren oder komplexen Anströmsituationen, bei denen nicht ausreichend Strömung an der Arbeitstragfläche anliegt, kann sich ein gewisses Widerstandsaufkommen neutral, wenn nicht sogar vorteilhaft auf den Gesamtprozess auswirken.

Etwa beim Yuloh. Widerstand der Antriebstragfläche ist eine Kraft in Richtung der Hauptbewegung, die direkt auf das Seefahrzeug zurückwirkt und Schiffsbewegungen[25] zur Folge hat. Widerstand in Achsrichtung führt zu einem Gier-Moment des Fahrzeugs um die Z-Aachse und zu einem Rollen um die Längsachse. Der Lateralplan eines Seefahrzeugs ist die Projektion der benetzten Körperoberfläche in der Seitenansicht, das Unterwasserschiff. Bei einem Seefahrzeug in Fahrt, mit einem intermittierenden Transversalantrieb-Arbeits-tragflügel, dessen (Flug-) Bahn auch noch eine sichelförmige, bestenfalls Kreissegment-Kurve beschreibt, ist die Anströmsituation an der Profilkontur sehr komplex. Die vektoriellen orthonormalen Komponenten der Auftriebs und der Widerstands-kraft intermittierenden bezogen auf die Hauptbewegungsrichtung des Fahrzeugs, ebenfalls. Die in das Fahrzeug eingebrachte Lateralkaft führt zu einer Schiffsbewegung, die vom Skipper, der Mannschaft - oder sagen wir ruhig vom Schiff selbst – als Schaukelbewegung wahrgenommen wird. Jedes Schiff besitzt (mehrere) Eigenfrequenzen für Gieren, Nicken, Rollen, die durch Kraftein-wirkung angeregt werden können, wenn der Strömungskörper auf der Wasseroberfläche schaukelt. Das Unterwasserschiff selbst ist ein dreidimensionaler, fluidmechanisch wirksamer Strömungskörper, der in Fahrt bei einer Schaukelbewegung in einen komplexen und wissenschaftlich gesehen hoch interessanten Anströmzustand gerät. Beim Manövrieren im Hafen, beim Anlegen, in Fahrt auf Fließgewässern sagt der erfahrene Skipper: lass den Kiel arbeiten. Und es funktioniert nicht nur bei langkieligen Yachten. Ein harmonisches Voran-Schaukeln wird zu einer mühearmen Antriebsmethode. Vielleich taucht beim Leser hier erneut der Gedanke an das Mütterlein mit dem schlafenden Enkelkind auf dem Rücken auf. In einer zukünftigen Untersuchung müssen also für den gesamten Antriebsprozess die Bahn- und Führungsgrößen sauber modelliert werden.

Fahren wir mit der Profilauswahl fort. Bei der Ermittlung der Berechnungskennfelder im Rahmen der lokalen Suche mit dem Programm MRMoore wurden für die Lilienthal-koeffizienten, berechnet aus den Kennfeldern des Querkraftkoeffizienten C_L und des

---

[25] **Gieren** (engl. *yaw*): Drehung um die z-Achse des Referenzsystems (Gier-, Hoch- oder Vertikalachse). Für den Richtungswinkel werden dabei mitunter auch die Bezeichnungen *heading* oder *Azimut* gebraucht.
Nicken (engl. *pitch*, selten auch *nick*): Drehung um die y-Achse des Fahrzeugs (Nick- oder Querachse).
Rollen (engl. *roll*): Drehung um die in Längsrichtung des Fahrzeugs verlaufende x-Achse (Roll-, Wank- oder Längsachse). Für den Querneigungswinkel wird dabei auch die Bezeichnung *banking* gebraucht.

Widerstandkoeffizienten C_D zu jedem Stallwinkel α_{STALL}, die linearen Zusammenhänge untersucht. In der Optimierungspraxis ist aber die nichtlineare, gewichte Formulierung der Qualitätsfunktion üblich immer dann, wenn ein gut ausgelotetes Anforderungsprofil für eine industrielle Produktentwicklung existiert. Mit den Einflussfaktoren ϕ für die Querkraftkomponente und γ für die Axialkraftkomponente wird ein Berechnungskennfeld $q_{i,k}$ ermittelt das eine andere, vielleicht angemessene Strömungswirklichkeit untersucht:

Qualitätsgebirge: $q_{i,k}=(C_L^{\phi} \cdot C_D^{-\gamma})_{STALL}$

Einflussfaktoren $\{\phi>\gamma\}$, die das Auftriebsgebaren bevorteilen, führen auf „fülligere" Yoluh-Profilkonturen mit (teilweise erheblich) größeren Konstruktionskreisdurchmessern für die obere Ellipsenkontur (DU/t). Betrachten wir hierzu zum Abschluss der Untersuchung die Profilkontur BLB1040.

In Qualitätslandschaften $\{q_{i,k}=(C_L^{\phi} \cdot C_D^{-\gamma})_{STALL}\}$ mit einem Verhältnis der Querkraft- und Widersatnds-Einflußfaktoren $\{L=(\phi/\gamma)>2\}$ sind fülligere Profilkonturen, wie etwa das Profil BLB1040 Ergebnis der lokalen Suche nach einem Optimum der nunmehr gewichteten Lilienthalpolare. Ein Blick auf das Widerstandsgebaren der Kontur weist ein unvorteilhaftes Tragflächenprofil aus. Nun aber betrachten wir das das Querkraftverhalten der Arbeitstragflächenkontur. Vorausgeschickt sei, dass bei Simulationsrechnungen immer darauf zu achten ist, dass die Richtung der Abströmung an der Profilhinterkante definiert ist, um der physikalischen Wirklichkeit einer Potentialtheoretischen Untersuchung trauen zu können[26]. Auch soll gelten, dass potentialtheoretische Voruntersuchungen zu Profilkonturen nur erste gestalterische Annahmen für moderne Yuloh-Arbeitstragflächen darstellen und zu gegebener Zeit durch Berechnungskampagnen mit hochperformanten CFD-Lösern verifiziert werden sollten. Dennoch lässt das Diagramm der Auftrieb- und Widerkoeffizienten über den Anstellwinkel eine durchaus sympathische „Inselbegabung" des untersuchten BLB-Profils BLB1040 erahnen. Der maximale Querkraftbeiwert tritt bei einem bemerkenswerten Anstellwinkel von $\alpha_{STALL}=20[°]$ auf. Der Auftriebskoeffizienten liegt bei $C_L>3$.

Das Widerstandsgebaren ist mit einem Koeffizienten von $C_D<0.09$. vergleichsweise moderat. Eingedenk der Vertretbarkeit der Widerstandskraft in Achsrichtung scheint das Arbeitstragflächenprofil BLB 1040 eine gute Vorauswahl darzustellen. Nicht berücksichtigt haben wir bislang den Umstand, dass eine hohe Auftriebsleistung mit einem großen Anteil induzierten (weil auftriebsbedingten) Widerstands erkauft werden will. Mit dem Beiwert des induzierten Widerstands[27] $c_I = \lambda \cdot c_a^2/\Pi$, was bei der Gestaltung eines Yulohs zu berücksichtigen ist.

---

[26] Gemeint ist die Forderung des „glatten Abfließens" nach Kutta. Die Kutta-Joukowski-Beziehung setzt bestimmte Forderungen an das Strömungsfeld; es muss stationär, inkompressibel, reibungslos und drehungsfrei sein.

[27] gemäß elliptischer Auftriebsverteilung nach Prandtl

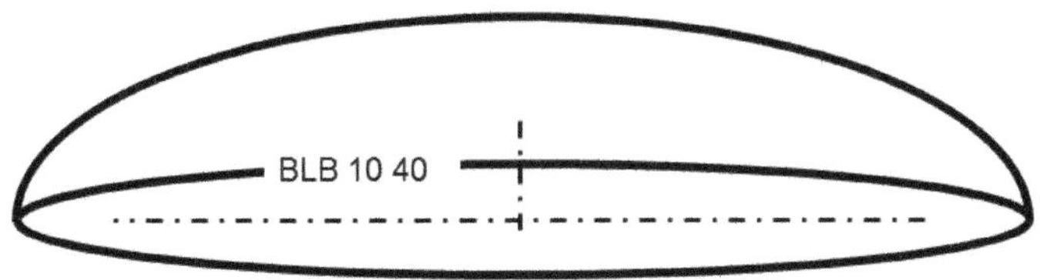

α	Ca	Cw	Cm 0.25	T.U.	T.L.	S.U.	S.L.	GZ	N.P.	D.P.
[°]	[-]	[-]	[-]	[-]	[-]	[-]	[-]	[-]	[-]	[-]
-40,0	-0,662	0,30955	0,090	0,939	0,008	0,990	0,043	-2,137	-0,147	0,387
-20,0	-0,485	0,10326	-0,061	0,756	0,009	0,985	0,068	-4,692	0,439	0,124
-8,0	0,175	0,01898	-0,244	0,367	0,010	0,981	0,991	9,211	0,320	1,647
-4,0	0,727	0,02165	-0,281	0,288	0,027	0,979	0,991	33,571	0,318	0,636
-0,0	1,270	0,02355	-0,319	0,192	0,220	0,977	0,992	53,947	0,327	0,501
4,0	1,731	0,02962	-0,358	0,094	0,368	0,975	0,992	58,425	0,333	0,457
8,0	2,225	0,03798	-0,398	0,055	0,483	0,968	0,992	58,580	0,334	0,429
12,0	2,676	0,05067	-0,438	0,008	0,600	0,961	0,992	52,808	0,351	0,414
16,0	3,011	0,06612	-0,478	0,002	0,737	0,948	0,992	45,533	0,433	0,409
20,0	3,137	0,08874	-0,522	0,001	0,939	0,909	0,992	35,351	-1,400	0,416
24,0	2,944	0,12669	-0,587	0,000	0,975	0,781	0,991	23,236	0,003	0,450
28,0	2,544	0,18936	-0,669	-0,000	0,977	0,545	0,991	13,434	0,078	0,513
32,0	2,135	0,27359	-0,726	-0,000	0,980	0,343	0,991	7,804	0,125	0,590
36,0	1,790	0,36427	-0,763	0,000	0,984	0,231	0,991	4,915	0,151	0,676
40,0	1,495	0,47047	-0,790	0,000	0,989	0,170	0,990	3,179	0,159	0,778

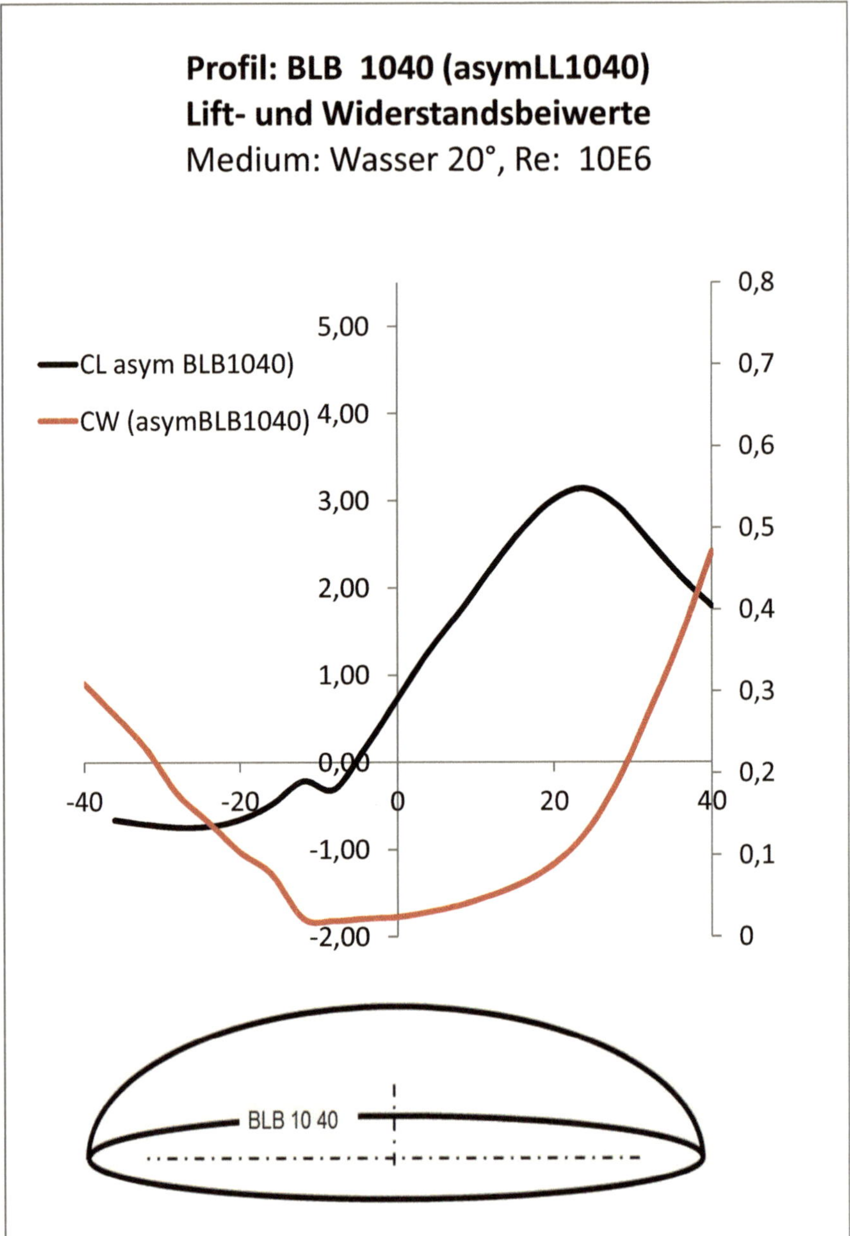

Abb.10: Lift- und Widerstandsbeiwerte der Profilkontur BLB 1040, Medium Wasser bei 20[°C], Re: 10E6

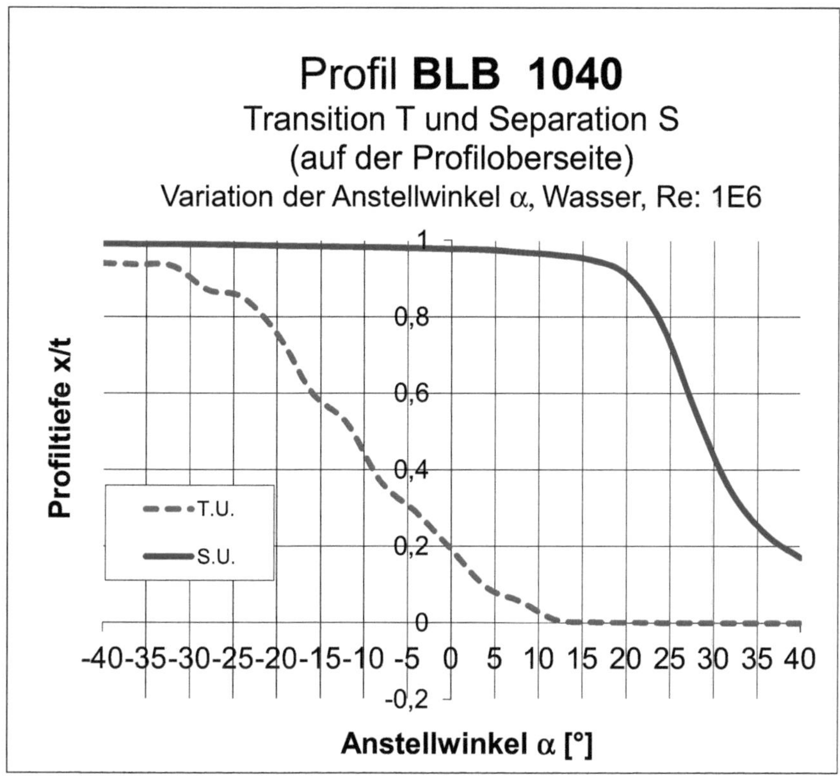

Abb.11: Separation und Transition der Profilkontur BLB 1040, Medium Wasser bei 20[°C], Re: 10E6

Bibliographie und weiterführende Literatur

[Abbo-59]   Ira H. Abbott, Albert E. von Doenhoff: Theory of Wing Sections: Including a Summary of Airfoil Data. Dover Publications, New York 1959,

[Abt 03]   Abt, C.; Harries, S.; Heimann, J.; Winter, H.(2003): From Redesign to Optimal Hull Lines by means of Parametric Modeling, 2nd International Conf. on Computer Applications and Information Technology in the Maritime Industries, Hamburg.

[Bre 09]   Brenner, M.; Abt, C.; Harries, S.(2009): Feature Modelling and Simulation-driven Design for Faster Processes and Greener Products, ICCAS, Shanghai, 2009

[Curb01]   Manfred Curbach, Harald Michler, Holger Flederer, Dirk Proske Anwendung von Quasi-Zufallszahlen bei der Simulation unter ANSYS
19th CAD-FEM Users' Meeting 2001 October 17-19, 2001 International Congress on FEM Technology. Berlin, Potsdam.

[Eppl-90]   Richard Eppler: Airfoil Design and Data. Springer, Berlin, New York 1990,

[Fren-99]   French, M.(1999): Conceptual Design for Engineers. Berlin, Heidelberg, New York, London, Paris, Tokio: Springer.

[Gorr-17]   Edgar Gorrell, S. Martin: Aerofoils and Aerofoil Structural   Combinations. In: NACA Technical Report. Nr. 18, 1917.

[Har 07]   Harries, S; Abt, C.(2007): FRIENDSHIP-Framework - integrating ship-design modelling, simulation, and optimisation, The Naval Architect, RINA, 2007

[Kah91]   Kahlert, J. (1991) Vektorielle Optimierung mit Evolutionsstrategien und Anwendungen in der Regelungstechnik. VDI Verlag, Reihe 8 Nr. 234.

[Katz-01]   Joseph Katz, Allen Plotkin: Low-Speed Aerodynamics (Cambridge Aerospace Series) Cambridge University Press; 2 edition (February 5, 2001)

[Kreb-08]   Krebber, B. (2008) "i-mech". Untersuchung der intelligenten Mechanik von Fischflossen mit Hilfe von FSI- Simulation. Forschungsbericht der Technischen Fachhochschule Berlin 2007/08

[Kreb-08-1]   Krebber, B., Kleinschrodt, H.-D. und Hochkirch, K.: (2008) Fluid-Struktur-Simulation zur Untersuchung intelligenter Mechanik von Fischflossen. ANSYS Conference & 26. CADFEM Users´ Meeting, ISBN-3-937523-06-5

[PaBe-93]   Pahl. G.; Beitz, W.(1993): Konstruktionslehre, 3.Auflage. Berlin- Heidelberg-New York, London-Paris Tokio: Springer 1993.

[Rec-94]   Rechenberg, Ingo, (1994) Evolutionsstrategie. Frommann Holzboog Verlag Stuttgart- Bad Cannstatt.

[Sche-85]   Scheel, Armin (1985) Beitrag zur Theorie der Evolutionsstrategie. Dissertation, TU Berlin.

[Schw-95]   Schwefel, H. – P. (1995) Evolution and Optimum Seeking. John Wiley & Sons. New York.

Kontakt:

Dipl.-Ing. Michael Dienst
Technische Fachhochschule Berlin,
BIONIC RESEARCH UNIT / FB VIII, Maschinenbau
Luxemburger Str. 10,
D - 13353 Berlin-Wedding